Erfolgsfaktor Teamarchitektur

Mario Reis / Stefan Kermas

Erfolgsfaktor Teamarchitektur

Aufbau, Entwicklung und Führung von High Performance Teams

1. Auflage

Haufe Group
Freiburg · München · Stuttgart

Bibliografische Information der Deutschen Nationalbibliothek

Die Deutsche Nationalbibliothek verzeichnet diese Publikation in der Deutschen Nationalbibliografie; detaillierte bibliografische Daten sind im Internet über http://dnb.dnb.de/ abrufbar.

Print: ISBN 978-3-648-14521-0 Bestell-Nr. 10571-0001
ePub: ISBN 978-3-648-14522-7 Bestell-Nr. 10571-0100
ePDF: ISBN 978-3-648-14523-4 Bestell-Nr. 10571-0150

Mario Reis / Stefan Kermas
Erfolgsfaktor Teamarchitektur
1. Auflage, September 2020

www.haufe.de
info@haufe.de

Illustrationen: Sofie Schwarzer
Bildnachweis (Cover): Vectorfusionart/Adobe Stock

Produktmanagement: Dr. Bernhard Landkammer
Lektorat: Juliane Sowah

Inhaltsverzeichnis

Vorwort

Liebe Leserinnen und Leser,

in 17 Jahren als Fußballprofi in verschiedenen Ländern und mittlerweile 16 Jahren als Manager der deutschen Fußballnationalmannschaft durfte ich viele Erfahrungen und Eindrücke auf dem Weg zum Erfolg oder auch Misserfolg sammeln. Erfolgsfaktoren, die unseren Weg entscheiden, gibt es viele. Jedes Detail zählt, eine absolute Grundvoraussetzung für den Erfolg aber ist ein gut funktionierendes Team (auf dem Platz und außerhalb), welches ein gemeinsames Ziel verfolgt und sich diesem unterordnet.

Ich liebe Teams. Sie sind seit Kindheitstagen meine tägliche Umgebung und ich halte die Idee des Miteinanders für die perfekte Symbiose aus unserem menschlichen Drang nach Zugehörigkeit und der Erfahrung, dass viele Aufgaben unseres Lebens schlichtweg nur in *echter* Zusammenarbeit gelöst werden können.

Umso mehr freue ich mich, dieses wertvolle Buch über das Innenleben von Teams einleiten zu dürfen. Die inhaltliche wie auch persönliche Ergänzung von Mario und Stefan stellt zudem eine wertvolle Dynamik dar, durchleuchten sie den Prozess der Teamentwicklung schließlich aus zwei verschiedenen Blickwinkeln: der psychologischen und datenbasierten Analyse sowie der praktischen Erfahrung aus der Teamsport-Weltspitze.

Hiermit treffen die Autoren exakt den Puls der Zeit. In einer zunehmend datengetriebenen Welt nutzen wir zielbewusst moderne Technologien und ziehen daraus wertvolle Informationen für die Weiterentwicklung unserer Systeme. Aus eigener Erfahrung kann ich Ihnen sagen: Was die Scouts und Videoanalysten im modernen Fußball heutzutage an Informationen über Spieler, Mannschaften und Taktiken in kürzester Zeit generieren können, hat mit den Zeiten meiner aktiven Karriere vor 30 Jahren nicht mehr viel gemeinsam. Gegner werden quasi gläsern und anhand zahlreicher Auswertungen sowie Studien kann man die nächsten strategischen Schritte genau vorbereiten.

Gleichzeitig bedarf es in einer hochtechnisierten Welt weiterhin des Blicks auf das Entscheidende: die beteiligten Menschen. Die notwendigen Qualitäten im sozialen Miteinander werden umso wichtiger, je mehr ich mich von Daten und externen Informationsflüssen leiten und mitunter ablenken lasse. Der Mensch wird weiterhin im Mittelpunkt unseres Miteinanders stehen, besonders wenn es um die Entwicklung und Führung von echten Teams geht. Analysen und Performance-Indikatoren sind die perfekte Ergänzung zu einer starken menschlichen Komponente in der Führung von Teams. Die Betonung dieser Symbiose schätze ich besonders an diesem Buch.

Sicherlich haben viele von Ihnen bereits gespürt und miterlebt, welche emotionale Kraft und Wirkung von echten Teams ausgehen kann. Die Gefühle und Erinnerungen an unseren WM-Titel 2014 in Brasilien werde ich nie vergessen. Dieser Erfolg war das Paradebeispiel für eine langfristige Detailplanung, in der es uns auf jede noch so winzig erscheinende Kleinigkeit im Vorfeld ankam. Vollendet wurde der grandiose Erfolg in Rios Maracanã-Stadion jedoch erst durch die großartige Leistung »der Mannschaft« selbst, welche durch das Trainerteam perfekt eingestellt und emotional zur Höchstleistung begleitet wurde. Die Hingabe, die gegenseitige Unterstützung und der permanente Glaube an den Erfolg machten diese Mannschaft in diesem Turnier zu etwas Besonderem. Ein echtes High Performance Team also!

Es lohnt sich daher, konkrete Gedanken, gute Vorbereitung und persönliche Energie in die Führung von Menschen zu investieren. Tue ich dies aufrichtig, zielorientiert und wertschätzend, erhalte ich mehr zurück, als ich selbst gegeben habe.

Dieses Buch liefert Ihnen wertvolle, wissenschaftliche Inputs, kreative Gedankenanstöße und praktische Hinweise, Ihr ganz persönliches High Performance Team zu führen und erfolgreiche Momente zusammen zu erleben. Nutzen Sie die Zeit. Führung ist ein Privileg. Und gemeinsam mit anderen großartiges zu erreichen, ist deutlich mehr Berufung als Beruf.

Oliver Bierhoff

Anpfiff: Zum Buch

Ein Buch über Teams also. So weit, so gut. Aber wozu? Wir sind der festen Überzeugung, dass gut funktionierende Teamarbeit aktueller denn je zwei wichtige Beiträge in der Arbeitswelt leistet.

Zum einen bietet Teamarbeit in unserer Möglichkeitsgesellschaft einen wichtigen sozialen Gegenpol zur zunehmenden Individualisierung. Den Einzelnen stehen mehr Türen denn je offen, den persönlichen Lebens- und Arbeitsweg individuell zu gestalten. Und genau da bieten, auch unserer Beobachtung nach, insbesondere Teams den weiterhin nötigen Halt sowie Orientierung und Freude am gemeinsamen Tun.

Zum anderen sind Teams eine operativ-organisationale Antwort auf eine Arbeitswelt, die immer schneller und komplexer wird. Sie fordert von Organisationen ein flexibles Anpassen an immer neue Herausforderungen und qualitativ bessere sowie schnellere Entscheidungen, um unternehmerischen Erfolg auch künftig zu ermöglichen.

Der Aufbau und die Führung eines leistungsfähigen Teams ist daher eine Kernaufgabe jeder Führungskraft. Gleichzeitig scheint es die größte Herausforderung zu sein, genau zu verstehen, was es braucht und bedeutet, ein solches Team nachhaltig und stabil zu entwickeln. Wie dir das auf Basis neuster Erkenntnisse aus dem Spitzensport und der Teamwissenschaft gelingen kann, erfährst du in den nachfolgenden Kapiteln.

Die Unternehmenswelt schaut gerne und viel auf den Leistungssport, beneidet den Coach das eine oder andere Mal auch um die Freude und Euphorie, welche die Teammitglieder, emotional aufgeladen, ausstrahlen.

Die Frage lautet also: Wie erreichen Führungskräfte im Businessalltag eine ebenfalls herausragende Teamleistung? Genau diese herausfordernde Frage stellen wir uns seit vielen Jahren. In diesem Buch möchten wir dir nun unsere Ergebnisse vorstellen. Aus unserer Erfahrung existieren in Leistungssport und Unternehmenswelt deckungsgleiche Prinzipien, welche die Wahrscheinlichkeit erhöhen, auf diesem Weg langfristig erfolgreich zu sein.

Spielerinnen und Spieler

Als sportbegeisterte Autoren denken wir gerne in Spielregeln und sind Fans der direkten, persönlichen Kommunikation. Daher werden wir dich auf den kommenden Seiten unbekannterweise duzen. Auch haben wir beim Schreiben gemerkt, dass es uns enger an dich als unsere Leserin führt und wir verstärkt versucht haben, durch deine Brille zu formulieren.

Bist du gerade über »unsere Leserin« gestolpert? Wir haben uns bewusst entschieden, dieses Buch in der weiblichen Anrede zu formulieren. Dem zugrunde liegt unsere feste Überzeugung, dass es mehr weiblicher Führung in der Team- und Unternehmenswelt bedarf. An den erschreckend schwachen Quoten weiblicher Führungskräfte in deutschen Organisationen wird auch dieses Buch nichts ändern. Vermehrt Frauen für die Übernahme von Führungsverantwortung zu gewinnen, sollte gleichwohl ein allgemeines Ziel sein, was wir auf diese Weise zum Ausdruck bringen möchten. Entsprechende Formulierungen gelten durchweg und gleichermaßen natürlich für alle Geschlechter.

Nun haben wir dich bereits geduzt, ohne uns selbst vorzustellen. Wir, Mario und Stefan, sind seit vielen Jahren fasziniert und voller Leidenschaft im Kontext von professionellen Teams unterwegs.

Mario studierte Wirtschaftswissenschaften mit Fokus auf Organisationspsychologie und arbeitete anschließend mehrere Jahre für eine spezialisierte Managementberatung. Schon damals lag sein Fokus auf Organisationsdesign und Teameffektivität, bevor er schließlich 2012 sein erstes HR-Tech-Unternehmen mitgründete, welches sich maßgeblich mit der Kommunikation zwischen Führungskräften und Mitarbeiterinnen beschäftigte. Bevor das Unternehmen mehrheitlich an eine führende deutsche Versicherung verkauft wurde, zählte es rund 45 Mitarbeiterinnen. Seit Anfang 2018 widmet sich Mario nun als Geschäftsführer dem Aufbau des Teamarchitektur-Spezialisten MONDAY.ROCKS. Das Technologie- und Beratungsunternehmen beschäftigt zum Zeitpunkt der Veröffentlichung zehn Mitarbeiterinnen und betreut rund 35 Mittelständler sowie Konzerne in der DACH-Region. In den letzten Jahren war Mario in dieser Funktion an der Analyse und Entwicklung von mehr als 120 Teams beteiligt.

Stefan ist ursprünglich Volljurist, jedoch bringt er als langjähriger Co- und Cheftrainer der deutschen Feldhockey-Herrennationalmannschaft sowie als Bundesligatrainer und -spieler vor allem seine herausragende Erfahrung und seine Erfolge im Spitzensport in dieses Buch ein. Inklusive der beiden Olympiasiege 2008 und 2012 zeichnen ihn zwölf Jahre Praxiserfahrung aus, die seinen Blick auf die Entwicklung von High Performance Teams nachhaltig geprägt haben. Neben seinen sportlichen Erfolgen ist Stefan seit vielen Jahren als Keynote-Speaker sowie seit April dieses Jahres mit seinem Skilltraining »TrainYourBusiness« in der Entwicklung von Organisationen aktiv. Er inspiriert dabei Teams namhafter Unternehmen durch die gleichen verblüffenden Parallelen, die auch in diesem Buch betrachtet werden. Genau dieses Zusammenspiel aus Businessalltag und Spielfeld, aus Mitarbeiterinnen- und Nominierungsgespräch, aus Vorstandssitzung und Trainerbesprechungen war und ist es, das uns beide fachlich so gerne vergleichen, entwickeln und diskutieren lässt. Wir hoffen, du, liebe Leserin, hast daran genauso viel Spaß wie wir selbst!

Warum gerade jetzt?
Die Arbeitswelt verändert sich weiterhin mit beeindruckender Geschwindigkeit und bringt immer neue Maßstäbe für Kollaboration mit sich. Denken wir allein an all die Veränderungen rund um New Work. Agile Arbeitsmethoden wie Scrum, Kanban oder Design Thinking sind nur einige Beispiele. Hier stehen Teams ganz automatisch im Mittelpunkt. Auch und vor allem für sie geht es immer mehr darum, sich auf neue Anforderungen einzustellen und ihre Zusammenarbeit flexibler und effektiver zu gestalten.

In der öffentlichen Diskussion gehören Teams, insbesondere »Teams an der Spitze«, zum Maß der Dinge. Das Prinzip der Shared Leadership ist auf dem Vormarsch, denken wir hierbei beispielsweise an die Doppelspitze aus SPD und Grünen oder in der SAP-Führung. Auch wenn das »Experiment« um Jennifer Morgan und Christian Klein bei SAP nach nur einem halben Jahr abgebrochen wurde, wird es sicher nicht der letzte Versuch eines Dax-Unternehmens gewesen sein, Kompetenzen und Zuständigkeiten an der Spitze aufzuteilen. Wir wollen im Folgenden gemeinsam erforschen, warum das so ist. Denn es gibt äußerst erfolgreiche Modelle, wie das der drei Samwer-Brüder, die als Dreier-Führungsteam mit ihrem Unternehmen »Rocket Internet« Marktgrößen wie Zalando erschufen und die Konkurrenz weit hinter sich ließen. Auch die Vergabe von Nobelpreisen zeigt in den letzten Jahren einen klaren Trend: Es sind zunehmend Forschungsteams, die die begehrte Auszeichnung entgegennehmen.

Der Spitzensport führt diese Entwicklung seit vielen Jahren an, Trainerteams auf Augenhöhe gelten inzwischen als Standard. Die schwedische Doppelspitze um Lagerbäck und Söderström ebnete in den frühen 2000er Jahren den Weg für ein Prinzip, welches heute auch bei der deutschen Fußballnationalmannschaft gelebte Praxis ist. Experten wie Joachim Löw und Oliver Bierhoff agieren in ihren jeweiligen Spezialgebieten eigenständig und doch bestmöglich abgestimmt. Trotz aller Emotionalität mit den Höhen und Tiefen der letzten Jahre drangen keine Unstimmigkeiten nach außen. Oliver Bierhoff und Joachim Löw stehen beispielhaft für ein Prinzip, das sich mehr und mehr durchsetzt: Cheftrainer etablieren heute ganze Trainerteams um sich herum und die Zeit der Alleinherrscher ist (fast) überall vorbei.

Die Spielregeln

Oben erwähnten wir bereits, ein großer Fan von Spielregeln zu sein. Sie geben einen Rahmen vor, der ein geordnetes Miteinander ermöglicht. In diesem Rahmen wiederum gibt es einen Freiraum, eine Spielwiese für Kreativität. Ähnlich funktioniert unser Buch: Wir geben dir einen fachlichen Rahmen, eine Struktur, innerhalb der du dich frei bewegen kannst. Nimm dieses Buch als einen Begleiter, der dich inspiriert, sobald du ihn brauchst.

Du wirst sehen, dass wir immer wieder Erkenntnisse aus der Wissenschaft mit der Praxis und eigenen Erlebnissen verbunden haben. Die uns wichtige persönliche Note wurde dabei stets, mitunter auch in langen Diskussionen zwischen uns Autoren sowie langjährigen Wegbegleitern, mit dem Blick in die führende Wissenschaft abgeglichen.

Wir hatten nicht den Anspruch, ein »One-size-fits-all-Buch« zu schreiben. Das wäre auch nicht wirklich klug, da es keinen Standard für den Umgang mit Menschen gibt. Kontexte bestimmen die jeweilige Situation und verbieten ein einfaches Copy-and-paste von Werkzeugen oder Tools.

Unser Anspruch ist vielmehr, zentrale Erfolgsfaktoren aufzuzeigen, in deren Peripherie sich wertvolles Potenzial für eine erfolgreiche Teamführung befindet. Diese Faktoren haben wir am Ende des Buches in unserem Modell **Team Force Seven** noch einmal auf den Punkt gebracht. Wir sind überzeugt, dass das Auseinandersetzen mit diesen sieben Säulen den Grundstock erfolgreicher Teamarbeit darstellt. Abhängig von Teamgröße und Arbeitsumfeld wirst du sicherlich weiteren Aspekten begegnen und es bedarf dann einer entsprechenden Fokussierung. Du wirst jedoch (hoffentlich) mit diesem Buch verstehen, warum es Sinn macht, sich unserem Modell oder auch nur seinen Teilaspekten immer wieder zu nähern. Denn Teamentwicklung endet nicht, sie ist ein fortwährender Prozess.

Konkrete Tipps unterstützen dich dabei, möglichst komprimiert Ansätze für eine zeitnahe Umsetzung in deiner Arbeitsumgebung zu entwickeln. Unsere drei Experteninterviews geben dir zusätzlich einen Einblick in die gelebte Praxis.

Unsere Terminologie

Im Verlauf dieses Buches wird dir eine Terminologie begegnen, die wir nutzen, um unsere Ideen plastischer und verständlicher zu machen. Übrigens auch für eine weitere Zielgruppe dieses Buches: deine Mitarbeiterinnen. Dieses Prinzip einer gemeinsamen, einfachen, allen verständlichen Sprache kann wunderbar auf den Spitzensport übertragen werden. Es geht darum, komplexe Spielanalysen sowie Analysen des Gegners zu simplifizieren, für alle nachvollziehbar sowie für Sekundenentscheidungen operationalisierbar zu machen.

Wir sprechen von drei Formen der menschlichen Zusammenarbeit: der Gruppe, dem Team und dem High Performance Team. Wir übersetzen High Performance Team dabei schlicht mit *Hochleistungsteam*. Die Abgrenzung zum ebenfalls gebräuchlichen *Höchstleistungsteam* haben wir für uns so getroffen, dass Hochleistung das Ziel sein muss, um in Momente und Phasen der Höchstleistung zu gelangen. Letztlich geht es uns aber nicht um Wortklauberei, sondern das Ziel, aus einer zusammengestellten Gruppe auf dem Papier eine performante Einheit in der Praxis zu entwickeln. Wie das funktionieren kann, und was es in der Entwicklung zu Hochleistung zu beachten gilt, beschreiben wir in diesem Buch.

Hochleistung zu erkennen bedeutet in unserem Kontext, stets einen doppelten Blick zu werfen: auf das qualitative Innenleben eines Teams und auf das Ergebnis. Du wirst lesen, dass wir hierin einen wichtigen Zusammenhang sehen und jeder Führungskraft raten, primär auf die Leistungsfaktoren einer Mannschaft zu schauen und nicht allein auf das angestrebte Resultat. Entsprechend positive Ergebnisse werden die Folge sein. Hochleistung erbringt also, wer überdurchschnittliche Leistungen über einen langen Zeitraum abliefert und die Grenzen des Machbaren immer wieder verschiebt. Hochleistung ist daher ein Standard für die Art und Weise, zusammenzuwirken und jede Form von Herausforderungen immer wieder neu und gezielt anzugehen. Es bedeutet ebenso, robust gegen äußere Störungen zu sein, da das Innenleben des Teams so stabil und eingespielt ist, dass Störungen es schlussendlich sogar weiterbringen, statt es zu lähmen.

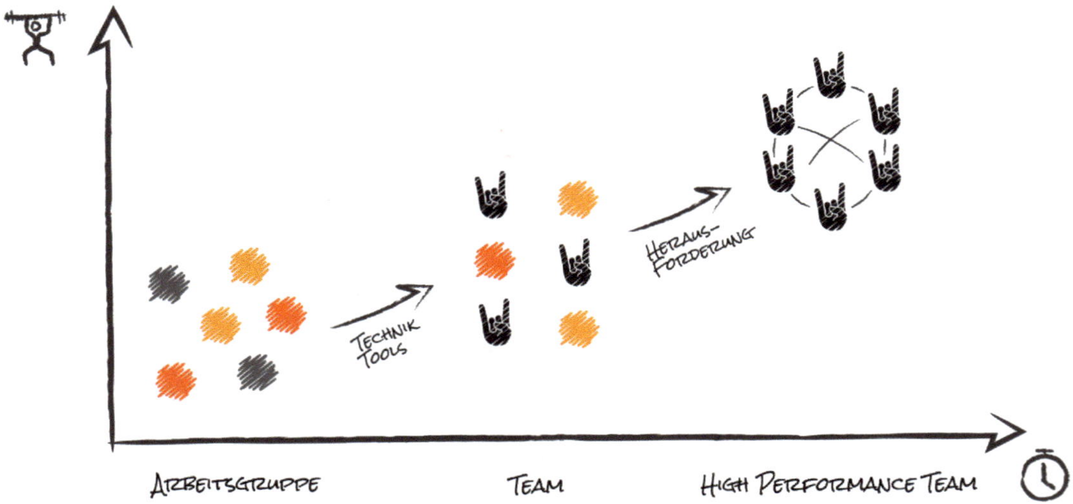

Aufbau

Das Buch orientiert sich in seinem Aufbau an unserem Modell der Team Force Seven. Machen wir also gemeinsam eine Reise durch die zentralen Faktoren der Teamarchitektur. Und bedenken wir dabei stets: Teamentwicklung ist nicht linear, sondern ein dynamischer Prozess.

Der rote Faden ist der stetige Blick auf die Welten des Leistungssports mit seinen Überträgen und Parallelen in den Businessalltag. Wir betreten das Spielfeld der Teamarchitektur mit einem Fokus auf das einzelne Teammitglied und seine inneren Treiber, Teil einer Gruppe und eines größeren, gemeinsamen Zieles zu sein. Nur, wenn wir Teams und ihre Mitglieder wirklich verstehen, haben wir in der Führung die Chance, auch die richtigen Impulse für eine nachhaltige Teamentwicklung zu setzen.

Wir zeigen dir, wo die entscheidenden Impulse auf dem Weg zum echten Hochleistungsteam liegen und welch wichtige Rolle die Führungskraft einnimmt. Dabei gilt natürlich immer: Ohne High Performance Leader entstehen auch keine High Performance Teams.

Genug des Vorgeplänkels. Tauchen wir ein in die spannende Welt der Teamarchitektur!

Warum willst du Teil einer Gruppe und eines größeren gemeinsamen Ziels sein?
Was treibt dich an?
Was ist deine Motivation?

1 Persönliches Engagement

Es gibt Menschen, die stehen montags auf und gehen tatsächlich voller Leidenschaft zur Arbeit. Was sind das für Leute? Wo findet man sie? Und liegt dieses für einen Montagmorgen doch eher ungewöhnliche Verhalten an der Unternehmenskultur, dem Verhalten der Führungskräfte oder doch der guten Bezahlung?

Die moderne Teamwissenschaft geht heute davon aus, dass letztlich keiner der genannten Faktoren für empfundenes Glück und Zufriedenheit im Team ausschlaggebend ist. Vielmehr scheint es uns Menschen darum zu gehen, wie gut wir unsere persönlichen Wertvorstellungen und Interessen innerhalb und im Umfeld unseres Teams wiederfinden. Wenn du bereits mehrere berufliche Stationen durchlaufen hast, empfehlen wir dir jetzt gerne den »Fallhöhe-Test«. Und der geht ganz einfach so:

!

Der Fallhöhe-Test

Gehe kurz in dich und erinnere dich an die empfundene, emotionale Fallhöhe von Sonntag auf Montag in den unterschiedlichen Stationen deiner beruflichen Karriere. Was fällt dir auf?

Hast du das Gefühl, am richtigen Platz zu sein?

Wenn es dir geht wie den meisten von uns, dann ist die Fallhöhe in einem Team, das deine persönlichen Werte teilt und in dem deine individuellen Perspektiven geschätzt werden, deutlich geringer als in einem Team, in dem das nicht der Fall ist. Das liegt daran, dass geteilte Werte und das Gefühl, am richtigen Platz zu sein, nahezu immer zu etwas führt, das wir persönliches Engagement nennen. Ein Schlüssel zum Teamerfolg besteht also darin zu entschlüsseln, was deine Mitarbeiterinnen wirklich antreibt. Denn auf Basis dieser Erkenntnis kannst du genau das Problem anpacken, das – nach Studienlage sowie nach eigenem, schmerzhaftem Erleben in der Teamführung – seit Jahren (weltweit) vorherrscht: das Engagement in Teams. Stell dir mal vor, welche menschlichen und betriebswirtschaftlichen Hebel du in Richtung High Performance Team ansetzen könntest, wenn du als Führungskraft diese Herausforderung in den Griff bekommst.

Genau deshalb ist dieses Kapitel entstanden. Wir wollen dich dabei unterstützen, dass auch dein Team sich sowohl verstanden als auch am richtigen Platz fühlt. Um das zu erreichen, zeigen wir dir spannende Parallelen zur Entschlüsselung des persönlichen Engagements zwischen Leistungssport und Businessteams, die dir sonst verborgen geblieben wären. Legen wir los!

1.1 Warum wir den Erfolg nicht spüren

Mount Everest im Mai 1978: Fast genau 25 Jahre nach der Erstbesteigung des 8848 Meter hohen Berges erreicht Reinhold Messner als erster Bergsteiger die »Welt-Spitze« ohne künstlichen Sauerstoff. Eine Sensation, die Mediziner und andere Experten zuvor für unmöglich gehalten hatten. Später wird Messner allerdings berichten, dass keines der (Glücks-)Gefühle eintrat, die er sich vorher von diesem Moment versprochen hatte. Er spürte in den Höhen des Himalayas lediglich eine tiefe, innere Leere und nur einen Wunsch: zurück ins Tal.

Monza, in der Nähe von Mailand, 10. September 2000: Michael Schumacher gewinnt den Formel-1-Grand-Prix von Italien und schließt mit seinem 41. Sieg endlich zu seinem großen Vorbild Ayrton Senna auf. Als Schumacher bei der anschließenden Pressekonferenz darauf angesprochen wird, verschlägt es ihm die Sprache. Er senkt seinen Blick, versteckt das Gesicht unter seiner Kappe und bricht in Tränen aus. Zweimal setzt er an und versucht, den Journalisten zu antworten, aber er schafft es nicht.

Was ist in beiden Fällen passiert? Beiden Ausnahmesportlern ist nach eigenen Aussagen jeweils in dem Moment bewusst geworden, dass sie genau zu diesem Zeitpunkt den Höhepunkt ihrer Karriere erreicht hatten. Und dass genau die Gefühle und Empfindungen nicht aufkamen, die sie sich vorgestellt hatten.

Nehmen wir noch das Beispiel von Kevin-Prince Boateng. Ein polarisierender Profifußballer, der bereits in den besten Ligen der Welt gespielt hat und in finanzielle Größenordnungen vorgedrungen ist, die den meisten von uns wohl verschlossen bleiben. Spannenderweise enthüllte er in einem Interview, dass er einmal drei teure Luxusautos an einem Tag gekauft hatte, als er bei Tottenham Hotspur in London unter Vertrag stand. Doch was bewegte ihn dazu? Während eines Interviews mit der italienischen Zeitung La Repubblica erklärte er:

»Ich habe nicht gespielt und stand nicht mal im Kader. Ich habe nach Glück in materiellen Dingen gesucht. Ein Auto macht dich eine Woche lang glücklich. Da habe ich einfach drei gekauft, um drei Wochen lang glücklich zu sein. Leider habe ich gelernt, dass das so nicht ganz klappt.«

Natürlich wussten wir schon vor Boateng, dass Geld allein nicht glücklich macht und somit nicht der eigentliche Sinn der Arbeit sein kann, oder doch nicht? Denn einige von uns scheinen das ganz anders zu sehen. Oder wie sind die erstaunlich vielen Personen zu erklären, die mit einer 80-Stunden-Woche und wenig Sozialleben einzig auf ihren gelben Porsche 911 Turbo hinarbeiten? Es gibt immer noch zu viele Menschen, die ihre Arbeitsmotivation über Geld oder – wie im Fall von Schumacher und Messner – das Erreichen eines vermeintlichen Karrierehöhepunkts finden wollen. Leider führt dies dazu, dass wir in einer Gesellschaft leben, in der die meisten Menschen ganz offensichtlich nicht das machen, was ihnen dauerhaft das Gefühl gibt, in ihrem Element zu sein.

Unser Standpunkt: Den meisten Menschen – und damit natürlich auch den meisten Teams – geht sehr viel Potenzial dadurch verloren, dass sie sich im Bereich der persönlichen Orientierung auf etwas konzentrieren, das in ihnen kein echtes persönliches Engagement auslöst. Aus diesem Grund ist es uns besonders wichtig, die individuelle Perspektive und Sinnhaftigkeit der Arbeit an den Anfang unserer gemeinsamen Reise zu stellen.

1.2 Wie sieht dein Weg aus?

Peking, Olympische Spiele 2008: Der Ausnahmeschwimmer Michael Phelps tritt in acht Rennen an, gewinnt acht Goldmedaillen und wird damit zum erfolgreichsten Olympioniken der Geschichte. Was für eine Dominanz. Im Internet finden wir zahlreiche Videos seines Trainingsalltags. Markant sind die Aufnahmen des Olympiabeckens, in dem er unaufhörlich seine Bahnen zieht, Tag für Tag. Diesem Rhythmus folgte er, seit bei ihm mit sieben Jahren eine Aufmerksamkeitsdefizitstörung diagnostiziert wurde. Ein Alltag, der mit unglaublich viel Disziplin verbunden ist. Aber ein Alltag, der ihm half und hilft, ein glückliches, ausgeglichenes Leben zu führen. Ein Weg, der wie für ihn gemacht zu sein scheint.

Glaubst du, er hätte die ersten Jahre des intensiven Trainings durchgehalten, wenn es ihm nur um die acht Medaillen in Peking gegangen wäre? Nein, damals hatte Olympia für ihn noch gar nicht die Bedeutung von heute. Das Schwimmen war pure Leidenschaft. Der Spaß am Erfolg gab ihm später sicher die letzten Prozent zum Sieg, aber die Hauptmotivation war sein Enthusiasmus für die Sportart an sich.

Kurze Pause: Selbstreflexion

!

Wie sieht dein Weg aus? Kannst du das Warum (nicht die Ziele!) in einem Satz ausdrücken, auf das du alles ausrichtest?

Ja, wir kennen gängige Antworten wie »um erfolgreich zu sein« oder »um finanziell unabhängig zu werden«. Das Problem: Wir reden dabei nur vom Ergebnis, vom finalen Zustand, wie das Erreichen des Mount-Everest-Gipfels oder das Gleichziehen mit dem eigenen Idol in Monza.

So, wie Erfolg überwiegend definiert wird, kann er uns niemals glücklich machen. Warum? Weil für uns die entscheidende Belohnung ausschließlich im letzten, finalen Moment liegt. Diese Bürde ist einfach zu hoch, wenn nicht auch Freude auf dem Weg liegt!

Häufig können wir die Bedeutung eines Wortes über andere Sprachen besser erkennen. So ist das englische Wort für Erfolg, *success*, deutlich näher am deutschen Begriff *sukzessiv* und damit an der Bedeutung von *der Weg zu etwas*. Es sollte uns also weniger darauf ankommen, wo wir hinwollen, sondern vielmehr, wie sich der Weg dorthin für uns gestaltet und anfühlt.

! **Wir halten fest**

Erfolg ist der Zustand, der entsteht, wenn du einem Weg folgst, der zu dir passt.

Ergebnisse – losgelöst von der eigentlichen Freude am Tun – können und dürfen nicht der alleinige Grund des Handelns sein. Wenn wir das verstehen, bringt es uns nicht nur persönlich weiter und erspart uns emotionale Enttäuschungen. Es macht uns auch zu besseren Führungskräften und Unternehmerinnen, weil wir verstehen, wie Engagement in unseren Teams entstehen kann. Es bringt uns somit ein erstes Stück näher zum erfolgreichen Aufbau von High Performance Teams!

In einer Studie in den USA wurden Führungskräfte ermächtigt, ihren Mitarbeiterinnen alles anzubieten, was sie sich wünschten. Jede Funktion, jede Aufgabe war möglich, wenn sie diese in zehn Minuten klar kommunizieren konnten. Weit über 80 Prozent der befragten Mitarbeiterinnen scheiterten an dieser Chance. Sie konnten nicht klar benennen, was sie brauchen, um wirklich glücklich in ihrem Job zu sein. Und das ist paradox, denn gleichzeitig streben doch die meisten von uns nach beruflicher Selbstverwirklichung. Und deine Mitarbeiterinnen erwarten, bewusst oder unbewusst, auch von dir, dass du dich deutlich ausdrückst. Andere Studien zeigen, dass wir auch mit längerer Bedenkzeit nicht zu einem Ergebnis kommen und zwei Drittel der Erwachsenen nicht wissen, was sie beruflich wollen. Und somit auch nicht, wie ihr Weg dahin aussieht.

Woher kommt diese Unsicherheit? Als Kinder übernehmen wir viele Ansichten, Werte und Vorbilder von unserer Familie, unseren Lehrerinnen, unseren Freunden oder der Gesellschaft im Allgemeinen. Die Übernahme solcher Perspektiven in jungen Jahren ist – rein evolutionsbiologisch – sehr sinnvoll, da wir durch kopiertes Verhalten lernen. Nur leider haben diese Perspektiven später wenig mit uns selbst und unseren eigenen Bedürfnissen zu tun. Wir folgen dem Prinzip: »Wir wissen gar nicht, was wir wollen, aber wir wollen immer, was wir kennen.« Letztlich bleiben wir auf diese Weise weit hinter unserem eigentlichen Leistungs- und Glückspotenzial zurück. Die persönliche Sinnsuche lohnt sich also. Anders gesagt: Richte den Kompass deiner Mitarbeiterinnen richtig aus, bevor du sie auf die Reise schickst. Nur so kommen sie an!

Diesen Gedanken und seine Bedeutung könnten wir noch lange und intensiv betrachten. Viele Philosophen haben dies bereits vor uns getan. Für dich als Führungskraft oder Unternehmerin ist jedoch vor allem eines entscheidend: Wenn du High Performance Teams entwickeln möchtest, musst du bei den einzelnen Teammitgliedern, Mitarbeiterinnen und ihren individuellen Wegen beginnen. Denn die persönliche Orientierung jeder Einzelnen entscheidet den Erfolg deines Teams mit. Und wie gelingt dir das in der beruflichen Praxis? Wir zeigen dir vier Modelle, von denen die ersten drei den gedanklichen Rahmen spannen, während die Psychometrie, ein angewandter Teilbereich der Psychologie, dir schließlich die praktische Umsetzung ermöglicht.

1.3 Aristoteles' Eudaimonie: Die guten Handlungen

Aristoteles war einer der großen griechischen Philosophen, Namensgeber der berühmten Google-Teamstudie »Project Aristotle« für mehr Teameffektivität und tatsächlich einer der ersten, der sich mit dem Thema Engagement befasste. Sein Denken war sowohl zu seiner Zeit als auch später sehr einflussreich. Aus seinem Studium der Menschheit entstand eine Ethik, in der auch das für High Performance Teams interessante Konzept der Eudaimonie eine grundlegende Rolle spielt.

Das erste, was Aristoteles zum konzeptionellen Modell der Eudaimonie beschreibt, ist, dass jeder von uns ein und denselben Zweck verfolgt. Und der besteht darin, deine Eudaimonie zu erreichen: einen Zustand der ruhigen und dauerhaften Zufriedenheit und nicht nur eine momentane Erhöhung der Sinne, etwa über die bereits beschriebene Ergebnisfokussierung.

Auf diese Weise werden unsere Handlungen, abhängig von einem Ziel, als gut oder schlecht bewertet. Wenn wir also eine bestimmte Arbeit ausführen, ist diese Handlung gut, wenn sie uns Zufriedenheit gibt und schlecht, wenn sie uns nicht zufrieden macht. Folglich ist für uns, nach Aristoteles, ein guter Weg, der möglichst viele von diesen guten Handlungen enthält.

1.4 Das japanische Ikigai: Finde deinen Sinn

Auch die japanische Kultur beschäftigt sich seit Jahrhunderten mit der Frage nach dem Sinn der Arbeit und hat auch einen Begriff dafür: Ikigai. Er setzt sich aus den Wörtern *iki = Leben* und *gai* = Wert, Wirkung, Nützlichkeit zusammen. Sprechend übersetzt bedeutet es: »Dein Grund, morgens aus dem Bett zu kommen.« Ikigai ist quasi der »Ort«, an dem sich deine Leidenschaft, deine Mission, deine Berufung und deine Karriere überschneiden. Und es beschreibt zugleich den Weg, den du für dich und deine Mitarbeiterinnen finden solltest, um Arbeitszufriedenheit und Performanz optimal auszuschöpfen. In unserer Sprache reden wir dann von Sinn. Im Ikigai-Modell wird dies durch die überlappenden Kreise des Diagramms veranschaulicht. Der Punkt, an dem sich die Kreise treffen, ist der Ort, an dem du deinen Ikigai findest: deinen Weg, oder auch: deinen persönlichen Sinn der Arbeit!

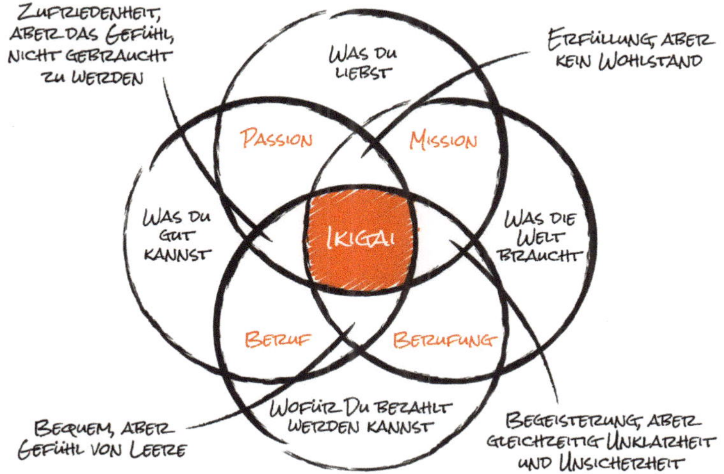

1.5 Simon Sinek: Beginne mit dem Warum

Das berühmte Video des TED Talks »Start With Why« von Simon Sinek zählt mittlerweile deutlich mehr als sechs Millionen Klicks bei YouTube und hat eine unglaubliche Bewegung in Gang gesetzt. Dieses Video über den Golden Circle zeigt deutlich, wieso Menschen glücklicher sind, wenn sie einen Sinn in ihrer Arbeit finden. Und einen Sinn findet am ehesten, wer mit der eigenen Arbeit auch etwas (subjektiv) Sinnvolles bewirken kann. Das stimmt ohne Zweifel. Doch die Frage, die du dir als Führungskraft im Alltag stellen musst: Was bedeutet das für jede einzelne Mitarbeiterin? Und kennt jede Mitarbeiterin bereits ihr Warum? Die Antworten hierauf sind komplex, denn Sinn ist hochindividuell und hängt von den jeweiligen Werten, Passionen und Perspektiven deiner Mitarbeiterinnen ab.

Dabei liest es sich so leicht: »Wenn Sie ein Schiff bauen wollen, trommeln Sie keine Leute zusammen, um Holz zu sammeln, und weisen Sie ihnen keine Aufgaben zu, sondern bringen Sie ihnen bei, sich nach der endlosen Weite des Meeres zu sehnen«, formulierte der französische Schriftsteller Antoine de Saint-Exupéry, der auch »Der kleine Prinz« schrieb. Natürlich bleibt dieses Beispiel richtig, es zeigt aber nur einen Teil des Ganzen. Tatsächlich beschreibt der Satz von Antoine de Saint-Exupéry den übergreifenden Handlungsrahmen eines Teams in einer Organisation. Jedes Unternehmen existiert aus einem bestimmten Grund und verfolgt eine bestimmte Vision. Was der Satz nicht aufgreift: Jede Mitarbeiterin hat auch ihr ganz persönliches Warum. Indem du dich auf das individuelle Warum jeder Mitarbeiterin konzentrierst, könnt ihr gemeinsam die persönliche Rolle im Team entdecken. Dabei sollte gelten: Die Haltung der Einzelnen zielt darauf ab, die beste Person für das Team, und nicht die beste Person im Team, zu sein.

Es geht also darum, dass jedes Teammitglied seine individuellen Möglichkeiten zur Verbesserung des Teams so einbringt, dass es sein Handeln selbst als wichtigen Beitrag erlebt und dies ebenso wertschätzend vom gesamten Team empfunden wird.

1.6 Psychometrie: Wertestruktur und Interesseninventar

Natürlich beschäftigt sich auch die Psychologie, genauer die Psychometrie, mit diesen Fragestellungen und spricht von Sinnstrukturen, die maßgeblich auf der Messung von psychometrischen Werte- und Interesseninventaren beruhen. Das Spannende: Die so erhaltenen Erkenntnisse machen eine Entschlüsselung von individuellen Wegen insbesondere im Teamkontext möglich. Sie schaffen eine Art Kompass für den individuellen Sinn deiner Arbeit – und natürlich den deiner Mitarbeiterinnen.

Praxistipp !

Das Messen von psychometrischen Inventaren ist ein entscheidender Praxisschritt zum High Performance Team, den du in deinem persönlichen Kompass gleich selbst via QR-Code aktiv ausprobieren kannst!

Werteinventar

Werte sind ein zentrales Element in unserem Handeln. Sie beschreiben, was für jede Einzelne von besonderer Bedeutung ist und sie sind eng mit unserem persönlichen Weg und unserem Warum verknüpft.

Die Erhebung von Werten in der Psychometrie fußt maßgeblich auf dem Anfang der 90er Jahre entwickelten Wertemodell von Shalom Schwartz. Er unterscheidet acht Wertetypen, die sich in einem Modell anordnen lassen.

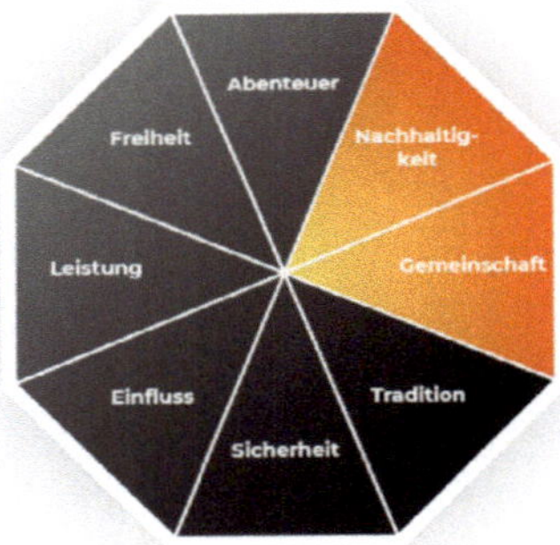

Freiheit

Menschen mit diesem Wert sind Dinge wie Unabhängigkeit, persönliche Entfaltung, Autonomie und Individualismus sehr wichtig.

Abenteuer

Neues erleben, Abwechslung, Spontanität, Neugier und ein gewisses Maß an Risikofreude ist Menschen mit diesem Wert besonders wichtig.

Nachhaltigkeit

Selbstlosigkeit, ein Beitrag für das eigene Umfeld leisten, die Verbesserung unserer Welt, niemanden Schaden zufügen und Synergieeffekte nutzen sind Aspekte, die bei diesem Wert im Fokus stehen.

Gemeinschaft

Menschen mit diesem Wert sind Dinge wie gegenseitige Unterstützung, gute Beziehungen, eine harmonische Zusammenarbeit und ein positives Gruppengefühl besonders wichtig.

Tradition

Beständigkeit, Zugehörigkeit, Konformität, Loyalität und feste Bindungen sind Menschen mit diesem Wert besonders wichtig.

Sicherheit

Eine klare Struktur, Ordnung, Stabilität und feste Routinen sind Aspekte, die bei diesem Wert im Fokus stehen.

Einfluss

Menschen mit diesem Wert sind Dinge wie gesellschaftliche Anerkennung und Respekt, Durchsetzung und Einflussnahme sehr wichtig.

Leistung

Gesetzte Ziele zu erreichen, Herausforderungen zu meistern, besser zu sein als andere und Erfolge zu erzielen ist Menschen mit diesem Wert besonders wichtig.

Es gilt: Je näher die Werte im Modell beieinander liegen, desto ähnlicher sind sie sich. Je weiter sie voneinander entfernt sind, desto gegensätzlicher sind sie.

Interesseninventar

Ein weiterer Ansatz in der Psychometrie, um sich dem individuellen Weg eines Menschen zu persönlichem Sinnerleben im Arbeitskontext anzunähern, ist das Interessenstrukturinventar. Es entschlüsselt, etwa in Abgrenzung zu anderen Teammitgliedern, was du besonders gerne tust. Dieses Interesseninventar ist dein Potenzial, das du ganz individuell ins Team einbringst.

Die Erhebung der Interessenstrukturen beziehungsweise Interessen fußt auf dem hexagonalen Strukturmodell beruflicher Interessen von John L. Holland, welches bereits Anfang der 60er Jahre entwickelt wurde. Seitdem wurde es kontinuierlich weiterentwickelt und gilt somit als empirisch valide. Es werden sechs Typen postuliert, anhand derer Menschen sich unterscheiden lassen.

Es gilt: Je näher die Typen im Hexagon beieinander liegen, desto ähnlicher sind sie sich auch. Gegenüberliegende Typen sind sich am unähnlichsten.

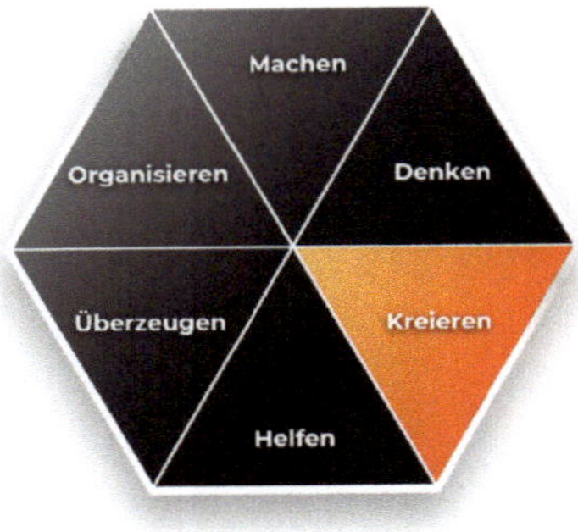

Machen

Menschen dieser Passion mögen eine zügige praktische Umsetzung, effiziente Lösungen und konkrete Ergebnisse.

Denken

Besonderes Interesse besteht hier an analytischen und eher theoretischen Aufgaben sowie abstrakten Problemstellungen.

Kreieren

Menschen dieser Passion mögen kreative Aufgaben, freie Gestaltungsmöglichkeiten und eine offene, unstrukturierte Arbeitsumgebung.

Helfen

Besonderes Interesse besteht bei dieser Passion darin, andere zu unterstützen, zu beraten und zu begleiten und so einen positiven Einfluss auf die Entwicklung zu haben.

Überzeugen

Menschen mit dieser Passion mögen es, Dinge zu managen, andere zu führen und von Ideen zu überzeugen sowie wichtige Entscheidungen zu treffen.

Organisieren

Besonderes Interesse liegt hier auf eher strukturierten Aufgaben und Herausforderungen, die eine systematische Vorgehensweise zulassen, Dinge zu bearbeiten und Informationen zu organisieren.

Es ist die Kombination beider psychometrischer Inventare in ihrer modernen Interpretation, die sie besonders wertvoll für das Verstehen von Individuen und damit auch für die Orientierung von Menschen im Arbeitskontext machen. Mit Arthur Schopenhauer gesprochen: »Bei gleicher Umgebung lebt doch jeder in einer anderen Welt!«

Dein persönlicher Kompass

Bist du auf die Möglichkeiten der Psychometrie neugierig geworden? Möchtest du auf dem Weg zu deinem Sinn der Arbeit deinen persönlichen Kompass entschlüsseln? In Kooperation mit dem Teamspezialisten MONDAY.ROCKS bieten wir dir via QR-Code einen kostenlosen Zugang zu deinem individuellen Werte- und Interessenprofil. Visualisiere, was dir im Kontext von Teamzusammenarbeit und Teamdynamik besonders wichtig ist.

1.7 Vom persönlichen Engagement zur Rolle im Team

Jetzt wissen wir, dass die persönliche Orientierung ein erstes, entscheidendes Kriterium für zufriedene und performante Mitarbeiterinnen ist. Und diese Mitarbeiterinnen bilden die Basis für High Performance Teams. Eine weitere Herausforderung liegt also darin, dass sie diesen Sinn der Arbeit in ihr Arbeitsumfeld einbringen können. Studien zeigen, dass es vor allem die (etwa 20 bis 30) Personen in unserem unmittelbaren Umfeld sind, die darüber entscheiden, ob wir unser Tun als sinnvoll erleben. Damit rücken das Team und die Aufgabe des Individuums im Team ins Zentrum der Überlegungen.

Das Engagement von Mitarbeiterinnen ist dabei nicht gleichbedeutend mit Arbeitszufriedenheit, noch bedeutet es einfach nur Freude im Job. Denn wir können mit unserem Job zufrieden und trotzdem nicht engagiert sein. So gibt es Menschen, die ihren Job zwar okay finden, ihre wahren Leidenschaften aber ausschließlich nach Feierabend ausleben. Hier sprechen wie gerne von freizeitorientierter Schonhaltung.

! **Wir halten fest**

Alle engagierten Mitarbeiterinnen sind glücklich, aber nicht alle glücklichen Mitarbeiterinnen sind engagiert!

Der Unterschied zwischen Engagement und Zufriedenheit liegt in der Leistung. Engagement ist daher auch das Maß, in dem eine Mitarbeiterin persönlich und aktiv am Erfolg des Unternehmens beteiligt ist. Engagierte Menschen setzen alles daran, eine gute Leistung zu zeigen, weil sie eine starke emotionale Verbindung zur eigenen Position, ihrem Team und den gemeinsamen Perspektiven spüren. Sie möchten, dass ihr Unternehmen erfolgreich ist, weil sie sich mit der Mission, dem Zweck und den Werten des gemeinsamen Tuns auf persönlicher Ebene identifizieren. All das nennen wir dann den Sinn.

Warum ist das so wichtig? Eine Studie von Deloitte aus 2017 weist darauf hin, dass niedriges Engagement zu einem Produktivitätsverlust von einem Monat pro Jahr und Mitarbeiterin führt. Zudem reduziert sich auch die Gesamtproduktivität eines Teams um bis zu 21 Prozent. Rechnet man noch die Kosten für Mitarbeiterfluktuation hinzu, kommen wir auf einen Faktor, der bis zu 34 Prozent der Gesamtpersonalkosten ausmachen kann. Eine klassische Lose-lose-Situation, denn gleichzeitig ist Engagement auch eine Frage des persönlichen Glücks und der Gesundheit. Der AOK Fehlzeitenreport 2018 kam zu einem eindeutigen Ergebnis: »Sinnlose Arbeit macht krank.« Unternehmen hingegen mit einem überdurchschnittlichen Mitarbeiterengagement übertreffen die Kennzahlen ihrer Wettbewerber durchschnittlich um 122 (!) Prozent, wie Accenture Strategy nachweisen konnte.

Kurze Pause: Selbstreflexion !

Was ist mir im Arbeitskontext sowie im Umgang mit meinen Kollegen besonders wichtig? Und welche Perspektiven bringe ich in mein Team ein?

Dass sich persönliches Engagement auf deine Teamergebnisse auswirkt, kommt sehr gut im Service-Profit-Chain-Model zum Ausdruck, einem Modell, das erstmals von Forschern der Harvard Business School in den späten 90er Jahren entwickelt und durch das gleichnamige Buch bekannt wurde.

Das Service-Profit-Chain-Model führt die Rentabilität auf den Wert zufriedener, loyaler und produktiver Mitarbeiterinnen zurück. Unternehmen müssen die Voraussetzungen für zufriedene und engagierte Mitarbeiterinnen schaffen, um für ihre Kunden wertvolle, loyalitätsanregende Erlebnisse zu schaffen, die wiederum den Gewinn steigern.

Gute Führungskräfte wissen, dass engagierte Mitarbeiterinnen Innovationen vorantreiben, die Teamleistung steigern, die Produktivität erhöhen, das Unternehmen wachsen lassen, die Kundenbetreuung verbessern und die Loyalität sowohl intern als auch extern fördern.

Studien belegen zudem, dass Unternehmen mit einem überdurchschnittlichen Mitarbeiterengagement ihre Wettbewerber in Gewinn, Produktivität und Umsatz laufend übertreffen. Mit anderen Worten: Du kannst es dir nicht leisten, das (fehlende) Engagement deiner Mitarbeiterinnen zu ignorieren.

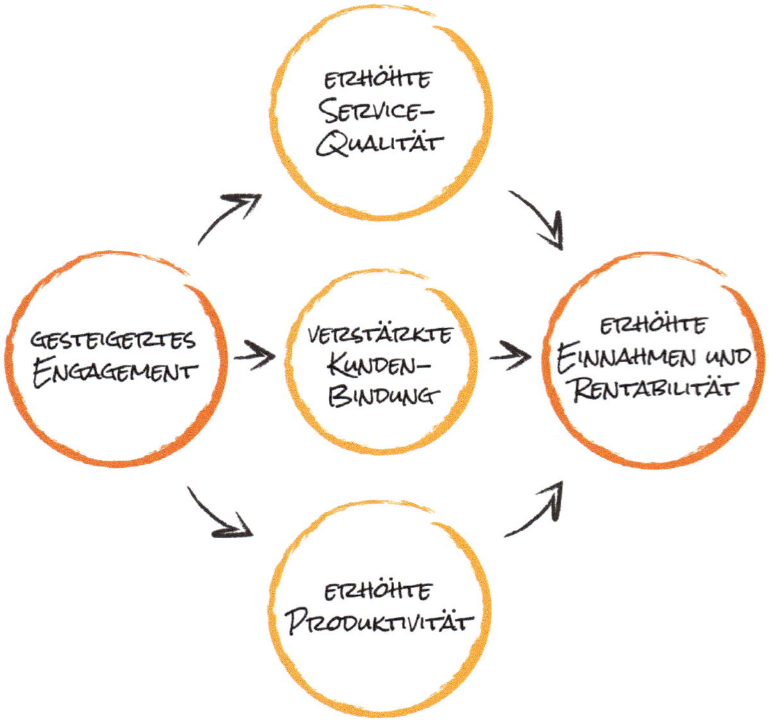

1.8 Kapitelfazit

Wir fassen zusammen

Zu verstehen, warum jede Person in deinem Team genau das tut, was sie tut, ist ein entscheidender Schritt zum High Performance Team. Zu entschlüsseln, was deine Mitarbeiterinnen antreibt und wo ihr Sinn der Arbeit liegt, ist die Basis für Performanz und Zufriedenheit. Wenn in deinem Team die Freude an den Erlebnissen auf dem Weg zum Ziel überwiegt und sich nicht nur auf das Ankommen konzentriert, dann machst du es richtig. High Performance Teams brauchen Mitarbeiterinnen, die sich selbst kennen und diese Erkenntnis optimal ins Team einbringen können. Die erfolgreichsten Mannschaften und Teams der Welt haben also im wahrsten Sinne *Spaß am Spiel*. Wir nehmen mit:

Glückliche Mitarbeiterinnen sind mehr am Erlebnis interessiert als am Ergebnis.

2 Das gemeinsame Anliegen

Nach diesem Start mit einem sehr individuellen Blick auf die Einzelne erweitern wir unser Blickfeld nun langsam, aber sicher auf das gesamte Team. Ein Team kann, für jeden Menschen möglich, aus einer externen Beobachterrolle bewertet werden. Was herrscht da für ein Umgangston? Greifen Arbeitsschritte der Zusammenarbeit wirklich Hand in Hand? Tragen alle Teammitglieder womöglich die gleiche Arbeitskleidung oder gibt es Differenzierungen im Außenauftritt? All diese Fragen, und sicher gibt es noch viele weitere, bewerten zunächst lediglich einen äußerlich wahrnehmbaren Schein. Dieser Schein spiegelt etwas wider, was tief im Inneren einer Gruppe als Ansammlung sozialer Wesen – wir nennen sie Menschen – entsteht. Um also zu verstehen, warum sich Teams so oder so verhalten, lohnt sich ein tiefer Blick in ihr Inneres. Hier liegen die wahren Antreiber ihrer Motivation und die hinderlichen Ursachen für ihre Minderleistung gleichermaßen. Ein elementarer Antreiber, ob Teams nach außen überhaupt wie ein solches auftreten (wollen), ist die gemeinsame Zielrichtung und Zielsetzung. Was auf den ersten Impuls banal klingt, ist eine mitunter hochkomplexe Angelegenheit. Und zwar, weil in einer Gruppe von Menschen, zunächst völlig verständlich, Partikularinteressen bestehen, welche es im Sinne einer Teamentwicklung in die gleiche Richtung zu entwickeln gilt. Nur wenn innerhalb eines Teams diese Einigkeit der Zielerreichung gepaart wird mit dem Willen zur bestmöglichen Leistung, sprechen wir von Teams, die zu Großem imstande sein können. Werfen wir also im Folgenden einen genauen Blick auf die Vielfalt von Zielen und warum es so wichtig ist, sich dauerhaft mit ihnen zu beschäftigen.

2.1 Ein Team ohne Auftrag

Boom! Was nach jugendlichem Slang oder buntem Sticker-Emblem klingt, ist ebenso eine kleine belgische Gemeinde vor den Toren Antwerpens. Wir schreiben Sonntag, den 25. August 2013. Die deutsche Herren-Hockeynationalmannschaft wird nach einem 3:1-Erfolg gegen die belgischen Gastgeber Europameister. Wie auch beim Endspielsieg der deutschen Damen gegen England am Vortag war das Finale hochklassig und spannend bis zum Schluss. Strahlender Sonnenschein und ein mit 8.000 vornehmlich belgischen Fans voll besetztes Stadion taten ihr übriges. Es war nach dem Europameistertitel 2011 und dem Olympiasieg 2012 der dritte große Erfolg dieser Mannschaft hintereinander. Der Aufstieg dieser Hockeygeneration begann bereits mit dem Olympiasieg 2008 in Peking.

Es war der verdiente und konsequente Erfolg der damals wahrscheinlich besten Mannschaft der Welt. Gleichzeitig lehrte das Turnier uns vieles zu Teamdynamik und Coaching. Falls du dich also fragst, was es nach einem Europameistertitel noch zu verbessern gibt, können wir aus eigener Erfahrung ganz klar antworten: so einiges!

Zur Einordnung: Die Endspielleistung der Jungs war herausragend und der Sieg mehr als verdient. Beim Finalsieg musste die zentrale Abwehrreihe umgestellt werden, da zwei wichtige Spieler verletzungsbedingt ausfielen. Was personell also schwierig und neu erschien, wurde von den Jungs großartig, flexibel und selbstbewusst gelöst. Äußere Einflüsse wussten die Führungsspieler bestens einzuordnen, Störungen wurden im Sinne eines High Performance Teams perfekt ausgeblendet. Der Lust auf Erfolg und, vor allem, all die emotionalen Momente zu genießen, waren ihre großen, motivatorischen Treiber, wie die Jungs auch Jahre später immer wieder berichteten.

Was schließlich so erfolgreich endete und hoch emotional und mannschaftstypisch bis in die späte Nacht gebührend gefeiert wurde, startete eine Woche zuvor alles andere als Erfolg versprechend. Was für Außenstehende wie von langer Hand geplant wirkte, fühlte sich vor Ort alles andere als das Ergebnis großartiger Vorbereitung an. Es geht uns dabei in keiner Weise um die Schmähung dieses Titels. Im Leistungssport gilt noch immer: »Wer am Ende oben steht, hat verdammt viel richtig gemacht und auch verdient gewonnen.« Es geht uns vielmehr um eine realistische Einordnung und die Fähigkeit, Erfolge wie Misserfolge nicht undifferenziert zu bewerten. Es geht uns darum, verstehen zu lernen, wie sie zustande kamen. Nach Misserfolgen neigen wir dazu, uns auf Daten zu stürzen, um genau zu analysieren, warum etwas nicht klappte und was ich morgen bereits besser machen kann. Bei Erfolgen sehen wir das Ergebnis meist etwas naiv als logische Folge unserer so großartigen Arbeit und vermeiden, auch zu betrachten, was nicht so gut lief. Wir müssen reflektieren, wieviel eigene Leistung, wieviel Glück und wieviel Zutun des Wettbewerbs eine Rolle für den Ausgang des Geschehens spielten.

! **Wir halten fest**

Untersuche Misserfolg und Erfolg im Nachgang stets kritisch auf ihre Ursachen.

Zurück zum Turnierverlauf in Boom: Er begann holprig und die Mannschaft kam nicht so richtig ins Rollen. Nach einer Auftaktniederlage gegen Belgien folgte Spanien als nächster Gegner. Zur Halbzeit lag Deutschland mit 1:2 im Rückstand, eine Niederlage hätte das sichere Verpassen des Halbfinals und damit jeder Medaillenträume bedeutet. Mit einer enormen Energieleistung drehten die Jungs das Spiel in der zweiten Hälfte und erzielten fünf Tore. Das letzte Gruppenspiel gegen den Außenseiter Tschechien glich trotz Sieg einem »Gewürge«, wie das Trainerteam unmissverständlich zu verstehen gab. Im Halbfinale warteten dann die starken Nachbarn aus den Niederlanden.

Das Gefühl, dass irgendetwas nicht stimmt, schlich weiterhin über die Flure des Mannschaftshotels und durch die gemeinsamen Termine zwischen Spielern und Betreuerteam (Staff). Irgendwann fiel dann der entscheidende Satz: »Kein Wunder, dass es so holprig läuft, wir sind ja auch ohne klares Ziel hier angereist.« Wumms, das saß, und zwar richtig. Nun war allen klar: durchatmen und nachdenken. Hatten wir tatsächlich kein klares Ziel? War dem Team nicht klar, was es in diesem Turnier erreichen wollte?

Das Ergebnis der internen Ad-hoc-Analyse lautete leider (oder zum Glück): »Ja, wir sind ohne klare Marschroute, eine gemeinsame Story und dezidierte Leistungsziele angereist.« Die Frage war nun, wie das schnellstmöglich korrigiert werden kann und ob das in einem laufenden Turnier überhaupt noch geht. Bevor wir uns dieser Herausforderung widmen, lohnt ein Blick auf die ebenso wichtige Frage, wie das passieren konnte. Schließlich wurde das Team weiterhin von Markus Weise angeführt, dem erfolgreichsten deutschen Hockeytrainer, der mit der Frauen- sowie der Männernationalmannschaft insgesamt drei olympische Goldmedaillen gewann (2004, 2008 und 2012).

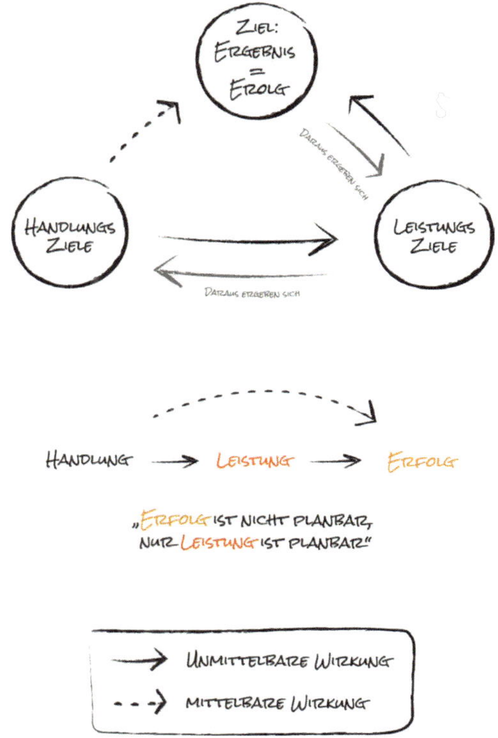

Man muss wissen, dass jedenfalls im Hockeysport die nacholympischen Jahre, und 2013 war ein solches, stets Jahre der Neuorientierung und Verjüngung der Mannschaften sind. Etablierte Spieler und Spielerinnen beenden ihre Karriere, junge Talente kommen nach. Trainer entwickeln innovative Spielsysteme und Prinzipien für die kommenden Herausforderungen.

Die deutschen Herren waren im Sommer 2013 jedenfalls als erfolgreich oder gar erfolgsverwöhnt zu bezeichnen, schließlich gewannen sie Gold bei den Olympischen Spielen 2008 und 2012. Das Hauptziel im Jahr 2013, sich für die Weltmeisterschaft im Folgejahr 2014 zu qualifizieren, war zum Zeitpunkt der beschriebenen Europameisterschaft bereits erreicht. Was also kam nun? Diese Frage wurde selbstkritisch betrachtet und im Vorhinein nicht wirklich beantwortet. Um zur Auflösung der Geschichte und vor allem ihrer Ursache beizutragen, betrachten wir das Thema Ziele und ihre Ausprägungen etwas genauer.

Dazu ein kurzer, wichtiger Exkurs: Es geht um das Verständnis, wie eigentlich Erfolg entsteht. Zahlreiche Ratgeber vermitteln den Glauben, Erfolg sei mit einem Werkzeug zu schmieden, wenn die Anleitung nur klar genug geschrieben ist. Was verführerisch klingt, ist für unser sportliches und unternehmerisches Umfeld zu 95 Prozent nicht anwendbar.

Erfolg am Reißbrett funktioniert, wenn überhaupt, bei klar schematischen Abläufen, in denen es um reine Prozessoptimierung und kausale Wenn-dann-Lösungen geht. Nur wenn ich direkten Einfluss auf die komplette Wertschöpfungskette meiner Leistung habe, äußere Einflüsse gegen Null tendieren und ich über die monetären Mittel verfüge, mir die Voraussetzungen auch quantitativ zu schaffen, dann lässt sich über Erfolg im Malen-nach-Zahlen-Prinzip nachdenken. Ansonsten nicht.

! **Wir halten fest**

Erfolg ist nicht planbar, aber Leistung ist planbar. (unbekannt)

Das einzige, was ansatzweise planbar erscheint, ist die persönliche Leistung. Davon sind wir in dynamischen Zeiten und komplexen gesellschaftlich-ökonomischen Verzweigungen mehr denn je überzeugt. Diese Leistung kannst du über Handlungen, resultierend aus Handlungszielen, direkt ansteuern.

Du hältst gerade dieses Buch über die Architektur von Teams in Händen und liest nun, Erfolg sei gar nicht planbar? Wozu dann das ganze hier? Richtig ist, dass auch ein bis ins letzte Detail geplanter Erfolg nicht hundertprozentig sicher ist. Aber: Wir machen ihn mit diesem Buch wahrscheinlicher! Mit Methoden, Werkzeugen und persönlichen Ableitungen möchten wir deine Chance erhöhen, dein Team auf die nächste Stufe zu bringen. Je mehr Wissen mit Erfahrung kombiniert wird, desto eher wird sich Erfolg einstellen. Wir sollten uns daher durchaus zutrauen, uns als Architekten unserer Teams zu sehen. Denn wenn wir diese Rolle nicht einnehmen, liegt das erhoffte Ergebnis außerhalb unserer Einflussnahme und wird sehr unwahrscheinlich.

Dieses Grundverständnis ist nicht nur von Bedeutung für das weitere Lesen des Buches. Es ist unseres Erachtens die Grundlage für das Erkennen, wie eigentlich Aufwand und Ertrag zusammenpassen. Wo und wie muss ich Input liefern, um über Outcome überhaupt nachdenken zu können? Was banal klingt, ist gar nicht so einfach. In Kapitel 7 (Spielprinzipien) beschäftigen wir uns intensiver mit der Frage der Kontrollierbarkeit und eigenen Wirksamkeit in dynamischen Umfeldern. Denn es geht uns nicht nur um das Verstehen eines Denkmodells, das wäre zu einfach und theoretisch. Es geht vielmehr um die grundsätzliche Entscheidung meiner Positionierung in der mich treibenden Umgebung sowie um die Fähigkeit zu erkennen, durch welche meiner Handlungen ich etwas bewegen kann und will.

Wir halten fest !

Ergebnisse, bestenfalls Erfolge, entstehen durch Leistungen und diese wiederum durch Handlungen.

Im Folgenden betrachten wir in diesem Zusammenhang drei Typen von Zielen:

- Erfolgsziele (Ergebnisziele): Sie bilden den Ausgangspunkt jeder Zielsetzung und beschreiben Art, Zeit und Form der Zielerreichung.
- Handlungsziele: Sie beschreiben die konkrete, individuelle Handlung der Einzelnen.

- Leistungsziele: Sie definieren kontinuierlich bestimmte Zwischenergebnisse, resultierend aus unseren Handlungen auf dem Weg zum übergeordneten Erfolgsziel.

2.2 Erfolgsziele: das Wofür

Erfolgsziele, auch Ergebnisziele genannt, sind klar quantifizierbare Resultate, die gleichzeitig das *Wofür* definieren. Hierzu zählen Spielergebnisse, Tabellenplatzierungen, gemessene Zeiten, errungene Titelgewinne etc. Erfolgsziele haben den Vorteil, dass im Nachgang genau überprüfbar ist, ob ein bestimmtes Ergebnis erreicht wurde oder nicht. Ergebnisse lügen bekanntlich nicht. Auf die Wichtigkeit der ergebnisunabhängigen Ursachenanalyse haben wir weiter oben bereits hingewiesen.

Erfolgsziele zu entwickeln, allein oder gemeinsam mit einem Team, macht immer dann Sinn, wenn wir mit Vorlauf auf ein gezieltes Ereignis zusteuern und am Ende ein bestimmtes Resultat erzielen möchten. Dieses Ergebnis, das von allen als Erfolg bewertet wird, stellt so etwas wie den Nordstern am Himmel dar, welcher mir eine Orientierung und Zielrichtung gibt: »Wenn ich weiß, worauf ich hinarbeite, lässt es sich leichter schuften.« Sicherlich hast du das so oder so ähnlich bereits persönlich erfahren. Die klare Beantwortung der Frage »Wozu das Ganze?« hat unserer Überzeugung nach zu Beginn eines jeden Zielprozesses zu stehen. Wir müssen beantworten, warum es sich fortan lohnt, einen bestimmten Aufwand zu betreiben. Das können wir in einem spontan anberaumten Gespräch mit einer Kollegin, in einem – hoffentlich *sinnvollen* – Meeting und schließlich auch im Rahmen einer lange zuvor geplanten Großveranstaltung tun, um etwaige Transformationsprozesse unter Mitarbeiterinnenbeteiligung einzuleiten.

Ohne ein klares Ziel oder zumindest eine bestimmte Absicht, warum ein Gespräch oder Meeting gerade zu diesem Zeitpunkt sinnvoll erscheint, vergeude ich wertvolle Zeit und Energie. Und das wirkt sich direkt auf den weiteren Verlauf des Vorhabens aus. »Begin with the end in mind«, proklamierte der Managementvordenker Steven Covey in seinem Weltbestseller »Die 7 Wege zur Effektivität« bereits 1989. In Kurzform: Wenn ich nicht weiß, wohin ich möchte, laufe ich gar nicht erst los. Für die Romantikerinnen und bewussten Entschleuniger unter uns: Damit ist nicht der entspannte Strandspaziergang oder Städtetrip gemeint, wo bewusstes Treibenlassen befreiend für Körper und Seele und persönlich notwendige Entspannung richtig und wichtig ist. Uns geht es primär um die Zusammenarbeit mit intrinsisch motivierten Menschen und die Schaffung einer gemeinsamen Basis, warum und wofür wir fortan gemeinsam Anstrengungen betreiben sollten. Wenn wir also ernsthaft das Ziel verfolgen, ein Team zu entwickeln, welches deutlich besser als der Durchschnitt ist, muss ein klares Anliegen erarbeitet werden.

Wir verweisen an dieser Stelle auf unser Experteninterview (rund um Herz, Kopf und Dream Teams) mit Prof. Dr. Gerald Hüther, Deutschlands wohl bekanntestem Hirnforscher, im Anschluss an dieses Kapitel.

2.3 Handlungsziele: das Was

Handlungsziele beschreiben, *was* schlussendlich getan werden muss, um eine bestimmte Leistung zu erbringen. Sie sind zunächst völlig unabhängig vom Ergebnis zu erbringen und stellen überhaupt erst die Grundlage für eine bestimmte Ergebniserreichung dar. Nach unserer Beobachtung springen Menschen und Führungskräfte schnell und motiviert auf Ergebnisziele an, wenn es um das Erreichen bestimmter Jahreszahlen, Umsätze oder fallender Pfunde auf der ungeliebten Waage geht. Doch ohne die Ableitung konkreter Handlungen, welche die Umsetzung zur Zielerreichung realistisch darstellen, ist ein gefasstes Ergebnisziel nur die Hälfte wert. Und somit eher etwas für den jährlichen Wunschzettel als für die Darauf-bin-ich-stolz-Liste.

Das schöne und so wichtige an Handlungszielen ist, dass wir ihre Ausführung stetig kontrollieren können. Die ein Kapitel zuvor beschriebenen Erfolgsziele lassen sich erst im Nachgang verifizieren und messen. Bei Handlungszielen ist das anders, weil ich selbst als Person direkten Einfluss auf ihre Umsetzung habe. Lerne ich zu wenig Vokabeln, werde ich wahrscheinlich sprachlich nicht besser. Bewege ich mich zu wenig, springt die Waage nicht in die Richtung, die ich gerne hätte. Trainiere ich meine Ausdauer zu wenig, werde ich meine Zeit beim Halbmarathon nicht erkennbar verbessern. Dir ist sicher klar, worauf das hinausläuft: Handlungsziele sind der Nährboden unserer Weiterentwicklung und persönlichen Erfolge. Die Kunst besteht in ihrer Herleitung aus übergeordneten Erfolgszielen und der regelmäßigen Erbringung ihrer Umsetzung. »Steter Tropfen höhlt den Stein«, so beschreibt es uns ein altes Sprichwort sehr prägnant. Erst die stetige Umsetzung und Anpassung der Handlungsziele an den genauen Bedarf zeigt Wirkung, welche sich dann in den gewünschten Ergebnissen niederschlägt.

2.4 Leistungsziele: das Wie

Die Verbindung, quasi die Brücke zwischen Handlung und Zielbild, ist schließlich die zu erbringende Leistung. Sie ist maßgeblich für den Erfolg. An ihr müssen wir schrauben, wollen wir eine qualitative Verbesserung beim Ergebnis erzielen. Völlig gleichgültig, ob in der Zusammenarbeit von Mitarbeiterinnen, bei der Qualitätssicherung eines Produktes oder dem Ausdauerzustand meines Körpers als Sportlerin: Die Leistung setzt sich aus einer Vielzahl konkreter Handlungen zusammen. Anders formuliert: Die Summe aus allen qualitativen und quantitativen Handlungen, bezogen auf den jeweiligen Kontext, ist meine sichtbare Leistung.

Leistungen und Leistungsziele haben also einen direkten Bezug zum übergeordneten Ziel. Es ist von großer Bedeutung, dass die gesetzten Leistungsziele stets im Einklang mit diesem übergeordneten Anliegen stehen, beispielsweise ein neues Produkt auf den Markt zu bringen oder ein großes Turnier zu gewinnen. Denn genau dieses eigentliche Ziel, der avisierte Nordstern als emotionaler Booster, gibt mir den Weg vor, in welchem Rahmen ich nun konkrete »Pakete« schnüren muss, um Leistungsthemen zu identifizieren. Jedes Team benötigt auf dem Weg zur Spitze eine Vielzahl dieser Pakete in petto, um dem übergeordneten Ziel näher kommen zu können und die Konkurrenz abzuschütteln. Dies können beispielsweise eine flexible Entscheidungsstruktur, tagesaktuelle Kommunikation oder innovative Produktfertigungslinien sein. Im Sport würde man von einer eingespielten Sturmreihe, guten Distanzschützen oder technisch perfekten Bewegungen sprechen. Sie alle erfordern individuell hochqualifizierte, gleichberechtigte Beiträge, um in Teamarbeit ein Paket zu entwickeln, das am Ende besser ist als das des Wettbewerbs. Optimalerweise sind diese Leistungsziele messbar, um stets eine Orientierung im Verlauf und für die Weiterentwicklung zu haben. So könnte die genaue Festlegung einer täglichen Produktionszahl innerhalb einer festgelegten Zeit ein klar messbares Leistungsziel darstellen.

High Performance Teams haben das große Ganze im Blick

Das schöne und hilfreiche an klar formulierten, sinnhaften Leistungszielen mit Bezug zu etwas Größerem ist auch, dass bei echten High Performance Teams Formalia, Eitelkeiten und der eigene Status in den Hintergrund rücken. Stattdessen ist es ihren Mitgliedern wichtig, stets den optimalen Beitrag zur Erreichung des Teamziels zu leisten. Dies deshalb, weil der Fokus auf konkrete, mess- und spürbare Leistungen gelegt wird, welche nur im Team erbracht werden können. Dabei gilt: Nur wer sich bewegt, kann auch bewegendes schaffen. Daher sind High Performance Teams mehrheitlich von einer hohen Dynamik, Umsetzungsrate und Beitragsdichte, sprich: Quantität an Handlungen, die jede Einzelne beisteuert, geprägt. Leistungsziele helfen dabei sicherzustellen, dass das Team immerzu gefordert ist. Denn, auch das muss klar gesagt werden, bei allen positiv belegten Bildern von Zielideen und großen Visionen gehört auch immer ein gesunder Respekt vor dem Scheitern dazu.

Echte Teams lassen sich davon jedoch nicht blockieren, sondern entwickeln gegenteilig eine Jetzt-erst-recht-Haltung. Sie ziehen Energie und Antrieb aus konkreten Vorstellungen, wie etwas optimalerweise zu einem bestimmten Ergebnis und damit zum Erfolg führt. Im Wissen, dass Nichtstun oder ineffizientes Zeitmanagement sie vom Ziel entfernt, haben gesteckte Ziele auch den Nebeneffekt, einen gewissen Druck aufzubauen.

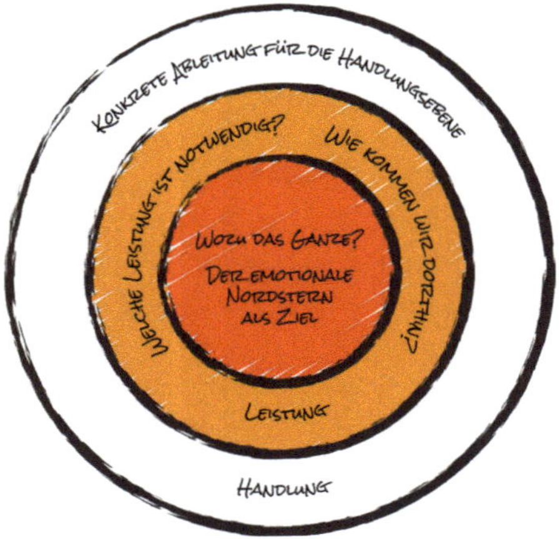

Verbinden wir nun den in Kapitel 1.5 beschriebenen Ansatz von Simon Sinek zum Golden Circle mit hiesigen Zielbegriffen, stoßen wir auf eine wichtige Botschaft. Ohne ein klares *Warum,* noch konkreter: *Wozu,* solltest du keine elementaren Entscheidungen im Leben treffen, weder für dich noch für andere. Nicht umsonst fragen Kinder so oft »*Warum?*«, denn sie möchten Dinge verstehen lernen und für sich einordnen. Nachdem das *Wozu* geklärt ist, sollte die *Wie*-Frage folgen. Das *Wie* beschreibt wunderbar die Leistungsebene, wie genau sich ein bestimmtes Tun auswirkt und wie ein Vorhaben umgesetzt wird. Die äußere Ebene nach Sinek beschreibt das *Was*. Hier bedarf es einer konkreten Vorstellung, was genau im Ergebnis deine heruntergebrochene Handlung ist.

In der Grafik erkennst du gut, auf welchen Ebenen du bei Vorhaben sämtlicher Art, beruflich oder privat, ansetzen kannst.

Im Businesskontext stürzen wir uns häufig vorschnell auf das äußere *Was*, weil wir z. B. ein Produkt im Kopf haben, welches wir gerne auf den Markt bringen möchten. Unsere Kreativität konzentriert sich dann schnell auf etwas haptisches, konkret umsetzbares. Wir vergessen jedoch häufig die so wichtige Frage, wozu und für wen wir es tun.

Notwendige Gedanken im Vorfeld sind also: Wer genau will mein Produkt eigentlich haben und warum ist meines besser als das der Konkurrenz? Leider werden grundlegende, scheinbar banale Fragen, in der Realität häufig nicht beantwortet. Warum genau *zu diesem* Thema nun diskutiert werden muss und warum genau *diese* Mitarbeiterinnen im Meeting anwesend sein sollen bleibt, häufig das Geheimnis der Einladenden. Eine wichtige Vorarbeit ist es also, den wahren (Besprechungs-)Grund zu hinterfragen und sich eine genaue Vorstellung über mögliche Erwartungen der Teilnehmerinnen zu machen. Und das spielt exakt im inneren Feld des *Wozu*.

Im Privatleben wie auch im Sport haben wir gelernt: »Setz Dir Ziele.« Alljährlich nehmen wir uns das inflationär zu Silvester oder an unseren Geburtstagen vor. Wir springen schnell in die Mitte des Kreises und glauben, mit einem flott gesetzten Ziel wird nun vieles besser und die Dinge nehmen schon von sich aus ihren Lauf. Doch leider ist das falsch. Ohne die genaue Bestimmung der notwendigen (Mikro-)Handlungen sind und bleiben Ziele lediglich Buchstaben auf einem Blatt Papier oder Gedanken in unserem Kopf. Beides ist ein Anfang, doch nur die für mich persönlich notwendigen Handlungsschritte machen die erfolgreiche Umsetzung von Zielen auch wahrscheinlich und damit realistisch. Zwar unterlegen viele Menschen die Wo-will-ich-hin-Frage mit Bildern und (scheinbaren) Antworten. Der tieferliegende Sinn, das eigentlich Anliegen, der motivationale Treiber werden hingegen nicht klar und ehrlich zum Ausdruck gebracht. Das weitere Betrachten dieses Spielfeldes überlassen wir Kollegen wie Sinek. Unser Blick konzentriert sich primär auf das Erreichen von Teamzielen.

2.5 Interventionen und ein gutes Ende

Kehren wir noch einmal zurück nach Boom. Die deutschen Hockeyherren reisten nach Belgien ohne klaren Auftrag. Sie hatten weder ein klar ausgearbeitetes Erfolgsziel noch individuelle Arbeitsaufträge im Gepäck. »Ist halt eine Europameisterschaft, die wollen wir gewinnen, wie wir alle Spiele gewinnen wollen.« So oder so ähnlich könnten Gedanken von Spielern und Trainern geklungen haben, hätte man sie damals les- oder hörbar gemacht. Das Trainerteam hatte es im Vorfeld verpasst, bedingt durch die sehr erfolgreiche Phase und Kernzielerreichung im laufenden Jahr 2013, der Europameisterschaft ein gemeinsames Anliegen und somit ein eigenes *Wozu* zu geben.

Im Haifischbecken des Wettbewerbs machen kleine Unterschiede häufig sehr viel aus. »It's all about details«, formulierte es der Australische Co-Trainer Andrew Meredith gebetsmühlenartig. In unserem Beispiel der Europameisterschaft 2013 waren es ehrlich gesagt mehr als Details, die wir versäumten, der Mannschaft im Vorfeld mitzugeben. Bei einem Turnier auf Weltniveau haben bis zu sechs Mannschaften die realistische Chance, am Ende ganz oben zu stehen. Das ist Wettbewerb pur und jeder Fehler vor oder im Turnier wird mit hoher Wahrscheinlichkeit von der Konkurrenz bitter bestraft. Umso wichtiger ist die exakte Vorbereitung auf taktischer und emotionaler Ebene. Im Turnier selbst sollte es dann primär um das Halten und Korrigieren der notwendigen Teamdynamik sowie die genaue, taktische Justierung der Mannschaft von Spiel zu Spiel gehen.

Ohne einen Fahrplan jedoch, eine Richtung, ein übergeordnetes Anliegen als gemeinsame Orientierung für eine Gruppe aus motivierten Einzelkönnerinnen, fehlen schlichtweg entscheidende Prozente für eine vollständige innere Verbindung und Verbundenheit. So fühlte es sich zumindest für mich, Stefan, als damaliger Co-Trainer an.

Was also taten wir kurzerhand? Wir drückten auf die Stimmungstaste und versuchten, Energie und eine neue »Umgebung« zu erzeugen. Wir waren der Meinung, die Jungs bräuchten von außen nun deutlich mehr Support, positive Gefühle und eine andere Atmosphäre. Wir hängten Nationalmannschaftstrikots im Besprechungsraum an die Decke, strukturierten die Tagesabläufe neu, verstärkten den Teamkontakt untereinander und bastelten einen Motivationsfilm aus tollen Spielszenen und passender dramatischer Musik. Aber würde das reichen? Ließen sich die Versäumnisse der vorherigen Wochen mit ein paar Spielchen und Musik korrigieren? Konnten die Jungs in einem Turnier einfach so ihren Modus ändern und die fehlenden Prozente draufpacken? Ja, sie konnten es, und wie! Der Erzrivale aus den Niederlanden wurden im Halbfinale souverän besiegt und im Endspiel gab es die gewünschte Revanche gegen Belgien und seine 8.000 Fans.

Irgendwie bekamen wir es also hin, irgendwie bekamen es vor allem die Jungs hin. Vielleicht war es die damalige Überzeugung eines High Performance Teams, auch kurzfristig in die äußersten Prozentreserven zu gehen, mental und körperlich. So genau werden wir es nicht mehr erfahren. Auch für die beteiligten Trainer war es auf jeden Fall eine Achterbahn der Gefühle samt eines sicher auch etwas glücklichen Endes. Doch auch große

Teams benötigen dieses Glück zum rechten Zeitpunkt gelegentlich, worüber sich auch Datenanalytiker einig sind. Ende gut, alles gut: Das trifft im Rückblick zu diesem Turnier auf der Ergebnisebene vollständig zu. Auf der Handlungsebene haben das Trainerteam und die Mannschaft lange Zeit keine Bestleistung abgeliefert. Als es aber darauf ankam, war der Motor geölt und er lief auf Hochtouren.

2.6 Deine Merker für die Praxis

Wir fassen zusammen:

- Jedes Projekt, jedes Vorhaben, das aus deiner Sicht ein erfolgreiches Ergebnis abwerfen soll, benötigt ein klares, übergeordnetes Anliegen und eine detaillierte Zielstellung für das *Wie* und *Was*. Zu wissen, wo man hinwill, ist das eine, zu wissen, wie man dahin kommt, das andere.
- Zielstellungen der beteiligten Personen sind individuell und nicht immer identisch. Das zu erkennen und damit umzugehen, ist Teil der Führung eines High Performance Teams.
- Passe Ziele stets dem Kontext entsprechend an. Unrealistische Ziele zu verfolgen, nennen wir schlicht Zeitverschwendung.
- Zerlege Ziele in einzelne, nachvollziehbare Handlungen. Das macht sie für dein Team greif- und spürbar.

Auszeit: Experteninterview mit Prof. Dr. Gerald Hüther

Gerald Hüther gilt als bekanntester Hirnforscher Deutschlands und ist mehrfacher Bestsellerautor. Praktisch befasst er sich im Rahmen verschiedener Initiativen mit neurobiologischer Präventionsforschung. Er schreibt Sachbücher, hält Vorträge, organisiert Kongresse, arbeitet als Berater für Politiker und Unternehmer und ist häufiger Gesprächsgast in Rundfunk und Fernsehen. Studiert und geforscht hat er in Leipzig und Jena, dann seit 1979 am Max-Planck-Institut für experimentelle Medizin in Göttingen. Er war Heisenberg-Stipendiat der Deutschen Forschungsgemeinschaft und von 2004 bis 2016 als Professor für Neurobiologie an der Universität Göttingen beschäftigt. Von 1994 bis 2006 leitete er eine von ihm aufgebaute Forschungsabteilung an der psychiatrischen Klinik in Göttingen. Lieber Gerald, wir freuen uns, deine Erfahrungen insbesondere für die Thematik eines gemeinsamen Anliegens in Teams nutzen zu dürfen. Hier bist du für uns absolut führend in Deutschland. Vielen Dank!

Lieber Gerald, unsere Leserinnen kennen dich aus zahlreichen Formaten, u. a. dem Kinofilm »Die stille Revolution«, in dem es um das Treffen von Entscheidungen in Führungskontexten geht. Wo genau findet die Hirnforschung hier ihren praktischen Platz?

Gerald Hüther: Unser Gehirn ist ja untrennbar mit dem Rest unseres Körpers verbunden und die unser Denken, Fühlen und Handeln lenkenden neuronalen Verschaltungen werden durch die Erfahrungen herausgeformt, die wir mit unserem Körper und in der Beziehung zu anderen Menschen machen. Deshalb lässt sich die innere Organisation und Arbeitsweise des Gehirns nicht verstehen, solange es isoliert von diesen körperlichen und sozialen Gegebenheiten untersucht wird. Auch Führungskräfte haben oft schon sehr früh mit ihrem

Körper und mit anderen Menschen prägende Erfahrungen gemacht. Wenn sie selbst nicht verstehen, weshalb sie so geworden sind, wie sie sind, werden sie ihre Mitarbeiter erst recht nicht verstehen können.

Für viele deutlich interessanter ist aber die erst durch die Befunde der Hirnforscher nun endlich auch objektiv nachweisbare Tatsache, dass das menschliche Gehirn bis ins hohe Alter umbaufähig ist, dass sich Menschen also zeitlebens verändern können. Im Gehirn jedes einzelnen verbirgt sich also ein unglaubliches Potenzial. Eine Führungskraft sollte erkannt haben, was die Entfaltung dieses Potenzials im eigenen Hirn, aber auch in denen seiner Mitarbeiter ermöglicht und begünstigt oder aber unterdrückt und hemmt.

Eine bekannte These der Managementliteratur lautet »Als Führungskraft muss ich die Köpfe der Mitarbeiter erreichen«. Würdest du diesem plakativen Ausspruch zustimmen und wo bedarf es hier der Konkretisierung?

Es gibt Führungskräfte, die recht gut erkannt haben, dass das Gehirn ihrer Mitarbeiter untrennbar mit deren Herzen verbunden ist und günstige wie ungünstige Beziehungserfahrungen unmittelbare Auswirkungen auf die Herztätigkeit, und damit auf deren Wohlbefinden haben. Die werden sehr genau darauf achten, dass sie nicht an den Köpfen ihrer Mitarbeiter vorbei oder über sie hinwegreden. Deshalb kümmern sie sich dann auch um eine vertrauensvolle Beziehung. Denn die ist die entscheidende Voraussetzung dafür, dass der betreffende Mitarbeiter sich öffnen kann und wirklich bereit ist zuzuhören. Dann hat die Führungskraft den Kopf des Mitarbeiters erreicht. Wer das nicht verstanden hat, dem ist auch durch jahrelange Trainings- und Fortbildungskurse nicht zu helfen. Der lässt sich nicht wirklich auf seine Mitarbeiter ein – und die dann zwangsläufig auch nicht auf ihn (oder sie).

Aus deiner wissenschaftlichen Sicht, wie sieht die optimale Ansprache und Begleitung unserer Teams aus, damit eine möglichst große Schnittmenge zwischen dem Gewollten und dem Erzielten entsteht?

Ich würde sie fragen, was sie sich wünschen, wie sie gern zusammenarbeiten würden und was sie gern gemeinsam erreichen möchten. Anschließen würde ich ihnen erklären, was aus meiner Sicht erforderlich ist, damit das, wofür das betreffende Team da ist, auch erfolgreich umgesetzt oder geschafft werden kann. Und dann würde ich jeden Einzelnen fragen, wie das gemeinsam als Team gelingen kann. Oder anders ausgedrückt, ich würde alles vermeiden, was in ihren Augen so wirkt, als würde ich sie zu Objekten meiner Erwartungen, Belehrungen, Bewertungen oder gar Maßnahmen und Anordnungen machen. Sie müssen das Gefühl haben, als Subjekte selbstbestimmt und eigenverantwortlich handeln zu können. Nur dann kommen sie auch in ihre eigene Kraft.

Wir stoßen bei deinen Ausführungen zu Teams immer wieder auf deine Beschreibung des gemeinsamen Anliegens. Deine These ist, dass dieses Anliegen eine elementare Notwendigkeit jedes Teams ist. Kannst du das für unsere Leserinnen etwas ausführen und konkretisieren?

Jede Gemeinschaft braucht etwas, das die Aktivitäten der einzelnen Mitglieder in eine bestimmte Richtung lenkt. Sonst wird daraus ein orientierungslos umherirrender Haufen von lauter Einzelkämpfern. Im Industriezeitalter und erst recht in den Zeiten davor wurde diese gemeinsame Orientierung von einem autoritären Anführer als Führungskraft festgelegt und festgezurrt. Die Mitarbeiter haben dann mehr oder weniger gut all das ausgeführt, was ihnen gesagt worden ist. Dazu gab es dann noch Belohnungen oder Bestrafungen als Zuchtmittel, und solange es nur um die Ausführung einfacher Tätigkeiten ging, hat das auch ganz gut geklappt. Aber diese einfachen Tätigkeiten werden heute immer häufiger von Robotern und Automaten übernommen. Gefragt sind nun Mitarbeiter, die sich einbringen, mitdenken, gemeinsam mit anderen nach innovativen Lösungen suchen, Verantwortung übernehmen etc. Dressierte Affen, die darauf warten, dass ihnen jemand sagt, was sie machen sollen, sind dafür ungeeignet. Und deshalb ist auch dieser autoritäre Führungsstil nicht mehr zu gebrauchen. Er macht Mitarbeiter zu Objekten und untergräbt deren intrinsische Motivation.

Also braucht es heute einer anderen Kraft, die ein Team zusammenhält und ihm Orientierung für koordiniertes Handeln bietet. Ein gemeinsames Ziel, das von allen angestrebt wird, kann so eine kohärenzstiftende Wirkung haben. Allerdings ist die sofort wieder futsch, wenn das Ziel dann irgendwann erreicht ist. Deshalb ist es günstiger, wenn die Mitglieder eines Teams etwas finden, das ihr Zusammenwirken als Gemeinschaft leitet, das aber auch langfristig Bestand hat. Das kann nur etwas sein, das allen Mitgliedern gleichermaßen am Herzen liegt und sich nur gemeinsam mit allen anderen verwirklichen lässt. Auf Deutsch nennen wir so etwas ein Anliegen, ein Herzensanliegen, um deutlich zu machen, dass es sich dabei nicht um etwas Ausgedachtes, sondern um ein tief empfundenes Bedürfnis handelt.

Im vorgenannten Kontext des gemeinsamen Anliegens: Was bedeutet es für dich, Verantwortung im Team zu übernehmen?

Verantwortung kann ich nur für etwas übernehmen, was ich auch wirklich kann, was ich möglichst gut, vielleicht sogar besser als alle anderen, kann. Das erst macht mich ja zu einem wertvollen Mitglied des betreffenden Teams. Und solche Aufgaben werden mir die anderen dann auch gern übertragen. Verantwortung für etwas übernehmen zu wollen, womit ich mich gar nicht gut genug auskenne, wäre genauso unsinnig, wie mir die Verantwortung für andere Mitglieder des Teams und deren Handeln aufzubürden.

Du sprichst an anderer Stelle darüber, dass Probleme in Teams häufig aus der empfundenen Bedeutungslosigkeit des Einzelnen resultieren. Was machen wir mit Teammitgliedern, die sich im gemeinsamen Anliegen des restlichen Teams nicht wiederfinden?

Wenn so etwas passiert, dann ist es den Mitgliedern des betreffenden Teams nicht gelungen, ein gemeinsames Anliegen zu finden. Genau daran scheitern wohl auch die meisten Teams.

Deshalb ist es so wichtig, dass sich wirklich alle Mitglieder des Teams an dieser Suche nach ihrem gemeinsamen Anliegen beteiligen und es dann auch von allen als ihr jeweiliges Herzensanliegen verstanden wird, das sie auch nur in diesem besonderen Team verwirklichen können. Wenn das gelingt, hat auch niemand das Gefühl, sich mit seinen besonderen Kompetenzen nicht optimal einbringen zu können oder gar mit seinen Bemühungen, von den anderen nicht gesehen und wertgeschätzt zu werden.

Hier zudem noch die drei Vergleichsfragen, die wir allen Experten stellen.

Wenn du es so kompakt wie möglich beschreiben müsstest, was macht für dich ein High Performance Team aus?

Ein High Performance Team oder auch Dream Team ist daran zu erkennen, dass es mit Freude und Leichtigkeit Aufgaben schafft und Leistungen erreicht, von denen andere Teams noch nicht einmal zu träumen wagen.

Welches war die beeindruckendste Teamleistung, die du im unternehmerischen Kontext miterleben durftest?

Das war das akribische Aufdecken und das ebenso kompetente wie nachhaltig wirksame Abstellen einer durch ein nachlässig handelndes Teammitglied verursachten Störung im Ablauf eines komplexen Produktionsprozesses. Der betreffende Abteilungsleiter wurde davon erst in Kenntnis gesetzt, als die Kuh längst vom Eis gebracht war.

Warum lohnt es sich für Menschen, auch zukünftig in Führung und Verantwortung in Teams zu gehen?

Weil ohne die Übernahme von Verantwortung niemand lernen kann, wie erfüllend und erleichternd es ist, diese Verantwortung an seine Mitarbeiter abgeben zu können.

3 Rollenklarheit

Wir hatten das große Privileg, mit einigen wirklich erfolgreichen Teams im Leistungssport zusammenzuarbeiten – teilweise bis hin zu Weltmeisterschaften und Olympischen Spielen. Dabei haben wir Teams unter immensem Druck gesehen, die ihre Leistungen mal mehr, mal weniger gut abrufen konnten.

Die Lehren, die wir aus diesen Beobachtungen gezogen haben, enthalten fundamentalen Nutzen für alle Arten von Teams, die im Leistungskontext aktiv sind. In den vorangegangenen Kapiteln haben wir bereits angerissen, dass die Orchestrierung der einzelnen Mitarbeiterinnen einen entscheidenden Schritt im Aufbau von High Performance Teams darstellt. Denn was nützt uns ein Verständnis über den individuellen Sinn der Arbeit, ein gemeinsames Anliegen sowie Leistungs- und Handlungsziele, wenn diese nicht aufeinander abgestimmt sind und das Gesamtkonstrukt des Teams nicht stabil harmoniert?

Du merkst: Nun rückt die Architektur des Teams in den Fokus. Wer übernimmt welche (passende) Position? Und stehen Position und persönliches Profil in Einklang mit der entsprechenden Verantwortung im Team?

Lass uns dazu in diesem Kapitel betrachten, wie wir Erkenntnisse zu Rollenklarheit und Verantwortung aus dem Leistungssport auf deine Teams übertragen können, um einen weiteren Schritt in Richtung High Performance Team zu machen.

Stell dir zum Einstieg ein beliebiges Fußball-, Handball- oder Basketballteam vor, das gerade einen gegnerischen Angriff erwartet. Zunächst hat das Team keine Ahnung von der Art der bevorstehenden Aufgabe. Kommt der Angriff über links oder rechts? Gibt es einen langen Ball in die Spitze oder ein schnelles Kurzpassspiel? Wird eine meiner Mitspielerinnen in der Lage sein, den Angriff bereits im Mittelfeld zu stoppen? Die konkrete Aufgabe, die jeder einzelnen Spielerin im Team abverlangt wird, ist noch nicht erkennbar.

Aber es entsteht trotzdem kein Chaos und das eingespielte Team wartet auch nicht ab. Es handelt und reagiert entsprechend der jeweiligen Rollen und zugewiesenen Positionen innerhalb der Teamarchitektur. Durch das gemeinsame Training, persönliche Fähigkeiten und die Taktik ist jede Rolle so klar, dass sie eine Begrenzung der Möglichkeiten schafft. In diesem abgesteckten Raum agiert jede Spielerin frei. Nur so gelingt die Abwehr des Angriffs gemeinsam.

Dieses Beispiel und unsere Erfahrung zeigen, dass sich die Zusammenarbeit in Teams verbessert, wenn die Rollen der einzelnen Teammitglieder klar definiert und verstanden sind. Faktisch geht es darum, dass Mitarbeiterinnen das Gefühl haben, dass ihre Rolle in einer bestimmten Art und Weise begrenzt ist. So wird es ihnen ermöglicht, einen erheblichen Teil ihrer Aufgaben unabhängig zu erledigen und den Rest erst einmal außen vor zu lassen. Durch Begrenzung entsteht also Freiraum! Und genau dieser Freiraum ist das Schlüsselelement zu mehr Performance. Mit einer klaren Rollenverteilung und dem Wissen um die individuelle Verantwortung können Teammitglieder sich auf ihre eigentlichen Aufgaben konzentrieren und verschwenden ihre Energie nicht durch unnötigen Austausch und überlappende Zuständigkeiten.

Darüber hinaus sind wir davon überzeugt, dass Teammitglieder mit einer funktionierenden und soliden Rollenklarheit auch dann gut zusammenarbeiten, wenn der gemeinsame Weg zum Erreichen des Teamziels noch nicht eindeutig ist oder erst gefunden werden muss.

In Sportteams ist das etwa der kreative Moment im Angriffsspiel, der durch seine Unvorhersehbarkeit zum Erfolg führt. In Businessteams grenzt dieser Gedanke an den konzeptionellen Ansatz von sogenannten »agilen Teams«, der gerade inflationär häufig diskutiert wird. Hierauf kommen wir im Verlauf des Kapitels noch zurück. Was beim Thema Agilität jedoch oft in den Hintergrund rückt:

> **Wir halten fest**
>
> Kreativität und Flexibilität brauchen eine solide Basis in Teamarchitektur und Rollenklarheit, um nicht zu Chaos zu führen.

Was bedeutet Rollenklarheit?

Bevor wir das Thema in seiner praktischen Umsetzung weiter vertiefen, macht es Sinn, uns kurz das Gegenteil gelungener Rollenklarheit anzusehen. Denn Rollenmehrdeutigkeit, auch Rollenambiguität, stellt eine der größten Stressquellen in Teams dar. Diese Ambiguität ist gleichzeitig auch eines der größten Hindernisse für die Effektivität von Teams, wenn sie nicht, wie wir noch erläutern werden, als funktionales Team eingestellt sind.

Daher ist es nicht verwunderlich, dass Teams mit einer stabilen Rollenklarheit wesentlich erfolgreicher sind als Teams mit hoher Rollenambiguität. Dies zeigt uns auch die Verlaufsbetrachtung und das Feedback von mehr als 120 Teams, die wir auf Basis einer konkreten Datenerfassung in den letzten Jahren begleiten durften.

Hierbei wird immer wieder deutlich, dass deine eigene Rolle als Führungskraft entscheidend ist, um die Bedeutung aller weiteren Rollen und Positionen im Team zu erkennen und diese richtig zuzuordnen. Auch hierauf kommen wir im Verlauf des Kapitels zurück.

> **Eine spannende Beobachtung**
>
> Rollenambiguität stellt in Businessteams ein häufiges Problem dar, während Sportteams viel seltener damit kämpfen.

Die Klarheit der Positionen im Team ist eine Voraussetzung für effektive Teamleistung. Wenn Teammitglieder wissen, was von ihnen erwartet wird, welche Aspekte ihrer Position am wichtigsten sind und wie diese Position zu den übergreifenden Teamzielen beiträgt, wird das gesamte Team ein höheres Maß an Engagement und Effektivität erzielen. Dabei erlebt eine Mitarbeiterin Rollenklarheit, wenn der Inhalt ihrer Aufgaben, Arbeitsmethoden und Prioritäten klar ist und sie sich ihrer Rolle völlig bewusst ist. Im Kontrast hierzu steht die Mehrdeutigkeit der Rolle, die jedes High Performance Team vermeiden sollte.

In jedem Team und in jeder Organisation, die wir kennen, ist die Klarheit der Positionen von zentraler Bedeutung. Eine Mitarbeiterin, die Klarheit über ihre Rolle im Team hat, weiß, was sie tun muss und was von ihr erwartet wird.

Auf dem Spielfeld und im Büro !

Eine höhere Klarheit der Rollen führt zu einer höheren Leistung innerhalb des Teams.

Wenn ein Team Klarheit in seinen Rollen erlebt, hat jede Mitspielerin ein klares Verständnis von allem, was sie über die Funktionen und Aufgaben wissen muss, um Erfolg möglich zu machen. Was sind unsere Ziele? Welche Strategie verfolgen wir, um diese Ziele zu erreichen? Was ist unser Schritt-für-Schritt-Plan? Was ist meine genaue Rolle als Mitglied dieses Teams? Für welche Schritte des Plans bin ich verantwortlich? Welche Entscheidungen kann ich treffen? Und, vielleicht am wichtigsten und am häufigsten übersehen: Warum versuchen wir überhaupt, diese Ziele zu erreichen?

Wenn Klarheit der Standardzustand aller Teams wäre, gäbe es dieses Kapitel nicht. Tatsächlich ist unserem Erleben nach die Mehrheit der Businessteams weit von der in Sportteams üblichen Rollenklarheit entfernt. Im Sport sind es die Spielregeln, die diese Form der Klarheit vorgeben. Im geschäftlichen Umfeld fehlen diese und daraus entstehen Unsicherheit und Ineffizienz. Das wollen wir ändern!

3.1 Aus Sicht der Führungskraft

Für dich als Führungskraft ist Rollenambiguität eine echte Herausforderung, weil es »unklaren« Teams schwerfällt, erfolgreich die gesteckten Ziele zu erreichen. Sie werden durch Reibungsverluste und Arbeit mit niedriger Priorität abgelenkt. Die bekannte Konfliktkostenrechnung von KPMG veranschaulicht dies in sehr eindrucksvollen Zahlen. Auch wenn der Detailübertrag auf dein Team vielleicht schwerfällt, eines ist sicher:

> **!** **Rollenambiguität schadet der Zielerreichung**
>
> Die Verluste durch Unklarheit in Rollen und Verantwortung in deinem Team sind enorm.

Um diese Unklarheit zu überwinden, verlieren Teams sich in endlosen E-Mails, Calls und Meetings. Wenn dir das bekannt vorkommt, hast du bereits eine Ursache dieses Verhaltens gefunden: Es geht um den Mangel an Rollenklarheit.

Teams vom Chaos in die Klarheit zu bringen, ist also eine der wichtigsten Funktionen in deiner Verantwortung als Führungskraft. Leider neigen Führungskräfte generell dazu, die Klarheit in ihren Teams zu überschätzen. Schließlich sind die Rollen doch im Kopf von Führungskräften völlig klar. Viel entscheidender ist jedoch, dass diese Klarheit auch in den Köpfen der Mitarbeiterinnen existiert. Über-Kommunikation ist in diesem Kontext also weit besser als Unter-Kommunikation!

Es geht jedoch nicht nur um die individuelle Rollenklarheit. Jedes Teammitglied muss auch die Rollen aller anderen Teammitglieder verstehen. Dies erfordert eine regelmäßige Diskussion zwischen dem Team und der

Teamleiterin, wobei du als Führungskraft sicherstellen musst, dass alle Teammitglieder ihre eigenen und die Rollen des jeweils anderen verstehen.

3.2 Stellenbeschreibungen

Führungskräfte glauben oft fälschlicherweise, dass die Probleme der Rollenambiguität mit Hilfe einer Stellenbeschreibung gelöst werden können. Aber definiert eine Stellenbeschreibung die Rolle einer Person in einem Team ausreichend?

Eine effektive Führungskraft definiert die Rollen nicht einfach auf Papier und verteilt sie. Sie muss die Rolle gemeinsam mit dem Team erarbeiten, intensiv erläutern und sicherstellen, dass ihr Zweck und ihre Ergebnisse in einem breiten Kontext klar verstanden werden. Effektive Führungskräfte stellen sicher, dass die Erwartungen an jede Rolle sowohl für die Rollenträgerin als auch für die anderen Teammitglieder eindeutig sind.

Das gelingt nur über eine emotionale Kopplung und nicht als Anhang eines Arbeitsvertrags, wie Stellenbeschreibungen leider meist platziert werden. Darüber hinaus ist es selbstverständlich, dass die Erhaltung von Rollenklarheit ein laufender Prozess in Teams ist, der deine Aufmerksamkeit kontinuierlich einfordert.

3.3 Rollenflexibilität

London, 11. August 2012: Für die deutsche Herren-Hockeynationalmannschaft laufen die letzten Sekunden im Finale gegen die Niederlande. Die Spieler auf der deutschen Bank zählen mit und dann steht es fest: Deutschland ist Olympiasieger im Hockey. Schon wieder! Denn nach den Erfolgen von 1972 in München, 1992 in Barcelona und 2008 in Peking ist es bereits die vierte Goldmedaille für die Männer des Deutschen Hockey-Bundes (DHB).

Im Finale in London kam es zu einer Neuauflage des Vorrundenspiels. Knapp 16.000 Zuschauer sahen die erste große Chance auf Seiten der Niederlande, als Rogier Hofman per argentinischer Rückhand den deutschen Keeper prüfte. Anders als die Australier im Halbfinale gegen Deutschland suchten unsere Nachbarn ihren Erfolg in schnellen Kontern. Doch auch den Niederländern machte das präzise Kombinationsspiel der DHB-Herren zu schaffen. Dann war es an der Zeit für den Mann des Tages, Jan Philipp Rabente. Kurz vor der Halbzeit setze er sich auf rechts durch und lupfte den Ball über den Keeper hinweg ins Tor. 1:0 für das Team. Und auch nach dem zwischenzeitlichen Ausgleich durch die Niederlande war es wieder Rabente, der für den entscheidenden Schlusspunkt sorgte. 2:1 und damit Olympiasieg! Interessant ist, dass die beiden, so wichtigen Tore ausgerechnet von einem Spieler kamen, der mit 23 Minuten die geringste Spielzeit mitbrachte. Hinzu kam, dass er eigentlich nicht als Torjäger, sondern als Abräumer und »Zerstörer« im Mittelfeld agieren sollte und bislang im gesamten Turnierverlauf nur von der Bank gekommen war.

Doch das war plötzlich egal, denn er machte die entscheidenden Tore und hatte damit entscheidenden Anteil an der Goldmedaille für Deutschland. Es ist offensichtlich, dass dies nicht Teil seiner eigentlichen Position und Rolle war, aber der Wert dieser Leistung kann natürlich ebenso wenig bestritten werden. Spricht dieses Beispiel also gegen das hier vorgestellte Prinzip der Rollenklarheit? Wir sagen: Nein!

Vielmehr sind wir überzeugt, dass Rollenflexibilität auf Basis einer stabilen und abgestimmten Teamarchitektur ein wichtiger Baustein auf dem Weg zum High Performance Team ist. Natürlich beginnt jedes Sportteam ein Spiel mit einer Startformation. Jedes Teammitglied hat eine klare Position und Rolle. Doch das bedeutet nicht, dass diese Aufstellung im Verlauf des Spiels kontinuierlich so bleibt. Ganz im Gegenteil: Mannschaft und Trainerteam arbeiten und justieren laufend und passen die Architektur und Dynamik des Teams an den jeweiligen Gegner an.

Was bedeutet das konkret? In unserer Definition von Positionen und Rollen gibt es keinen Absolutismus oder gar Verbote. Vielmehr geht es um ein gegenseitiges Verantwortungsbewusstsein und eine grundsätzliche Erfüllung von positionsspezifischen Funktionen im Team. Auf das Beispiel des Finales in London bezogen bedeutet es, dass es situativ völlig in Ordnung ist, sich außerhalb seiner Position und Rolle zu bewegen, wenn die Grundaufgaben einer Position und Rolle für das Team bedient werden und ich das sichere Gefühl habe, keiner Mitspielerin in die Quere zu kommen. Das ist zu einem Teil Gefühlssache und Intuition, zum anderen Teil ein Verhalten, das eine Mannschaft genauso erlernen und trainieren muss wie ein Businessteam.

Play your role but stay flexible! !

Spiele deine Rolle, aber bleibe flexibel: Genau so entstehen auf Basis einer guten Teamarchitektur mit klaren Regeln, Positionen und Rollen die notwendigen Überraschungsmomente, die jedes Team braucht.

3.4 Positionslogik

Nun, da die Grundprinzipien der Rollenklarheit herausgearbeitet sind, geht es um den Alltag von Businessteams. Du fragst dich vielleicht: Existieren grundsätzliche Leitplanken für die Aufstellung von Teams und die Positionierung von einzelnen Mitspielerinnen beziehungsweise Mitarbeiterinnen? Wir sagen »Ja« und beziehen uns auf die Forschungsergebnisse von Professor Dr. Christoph Schönfelder aus dem Jahr 2018, in denen er vier zentrale Spiel- und Handlungsbereiche von Teams aufzeigt, die zeitgleich für die elementaren Herausforderungen der heutigen und künftigen Arbeitswelt von Teams stehen: Innovation, Entwicklung (Umsetzung), Vernetzung sowie Verbundenheit im Team (siehe dazu auch das Experteninterview).

Eines vorweg: Wir sprechen im Weiteren lediglich von den Grundpfeilern dieses Teammodells. Natürlich existieren diverse Varianzen in den Herausforderungen, die Teams begegnen können. Denken wir nur an verschiedenste Kulturen, unterschiedliche Abteilungen oder noch simpler: Buchhaltung versus Vertrieb. Darauf gehen wir in Kapitel 7 (Spielprinzipien inklusive Anpassung der Positionslogik in Relation zu Teamart und Teamzweck) weiter ein.

Bereits diese grundlegende Verortung in die vier Handlungsbereiche ist für Teams extrem wertvoll, ermöglicht sie doch eine gemeinsame Basis und Terminologie für die teaminterne Diskussion. Wir sprechen daher auch gerne vom Spielfeld der Kollaboration. Aber welche Rollen braucht ein Team? Für unsere Positionslogik ist entscheidend, dass alle im Team notwendigen Rollen abgedeckt sind. Hier hat es der Sport auf den ersten Blick leichter. Im Fußball ist klar, dass ich elf Positionen auf meiner Seite des Spielfeldes besetzen muss und welche Funktionen diese Positionen grob übernehmen. Zumindest auf den ersten Blick, denn schaut man sich die Arbeit von Fußball-Taktikexperten wie etwa Thomas Tuchel an, der aktuell für Paris Saint-Germain als Cheftrainer aktiv ist und auch schon in der in der Bundesliga (u. a. in Dortmund) für Furore sorgte, dann wird deutlich, dass Einfachheit in Bezug auf Rollen nur oberflächlich existiert. Tatsächlich verbirgt sich hinter Positionen und Aufstellung ein hohes Maß an Komplexität, die es zu bewältigen und für sich zu nutzen gilt.

Innovierende Positionen zeichnen sich dadurch aus, dass sie Innovationen aktiv voranbringen und offen sind für Veränderungen. Sie haben viele gute Ideen und experimentieren mit neuen Dingen. Sie präferieren ein kreativitätsförderndes Umfeld und tragen auch selbst gerne etwas dazu bei. Mutig neue Wege zu beschreiten, macht ihnen Spaß. Sie sehen eher die Chancen als die Risiken und trauen sich, neu zu denken.

Vernetzende Positionen mögen es, Kontakte und Netzwerke aufzubauen – sowohl eigene als auch zwischen anderen. Ihr Bestreben ist es, Stärken und Neigungen einzelner so zu vernetzen, dass im Kollektiv optimale Synergieeffekte entstehen und Probleme gemeinsam gelöst werden können. Sie haben Freude daran, mit anderen zu kooperieren und erkennen, wen und was es braucht, um Probleme zu lösen. Wissen und Informationen unter Verschluss zu halten, ist nicht ihr Ding. Sie teilen Ideen und Know-how gerne.

Entwickelnde Positionen gestalten Produkte und Projekte und entwickeln sie weiter. In der Rolle des aktiven Machers, der Dinge koordiniert, umsetzt und voranbringt, fühlen sie sich wohl. Ihnen ist es wichtig, dass alles zuverlässig und erfolgreich läuft. Sie haben Freude daran, Prozesse und Prozessbeteiligte zu begleiten und zu coachen sowie Stärken und Potenziale zu erkennen und zu entwickeln.

Positionen, die sich im Bereich der **Verbundenheit** ansiedeln lassen, motivieren und begeistern sich und andere für Ideen und Ziele. Allein durch Fakten zu überzeugen, ist nicht ihr Ding. Sie möchten Verbundenheit im Handeln des Teams erlebbar machen und so auch die Bindung zur eigentlichen Aufgabe festigen. Durch das Schaffen von Verbundenheit gelingt ihnen Veränderung und eine gemeinsame Zielorientierung. Für andere sind sie eine hilfreiche Unterstützung, ein gewähltes Vorhaben zu erreichen.

Wie bereits erwähnt sehen wir in diesen vier Bereichen verschiedene Positionen auf dem Spielfeld der Kollaboration. Die Positionen sind jeweils zwischen zwei der vier Seiten Innovation, Vernetzung, Entwicklung und Verbundenheit angeordnet, d. h. jede Position hat eine Primär- und eine Sekundärseite, die sie bespielt. Die Frage ist nur: Woher weiß ich, welche Rolle ich in meinem Team übernehme?

An dieser Stelle schwenken wir zurück auf Kapitel 1. Denn die Frage, woher ich weiß, welche Rolle ich in meinem Team übernehme, hat viel mit uns selbst zu tun. Du als Führungskraft bist in der Verantwortung, deine Mitarbeiterinnen in ihren grundlegenden Ausrichtungen zu verstehen, bevor eine Positionierung auf dem Spielfeld der Kollaboration deines Teams möglich wird. Nur so machen wir den nächsten Schritt in Richtung High Performance Team.

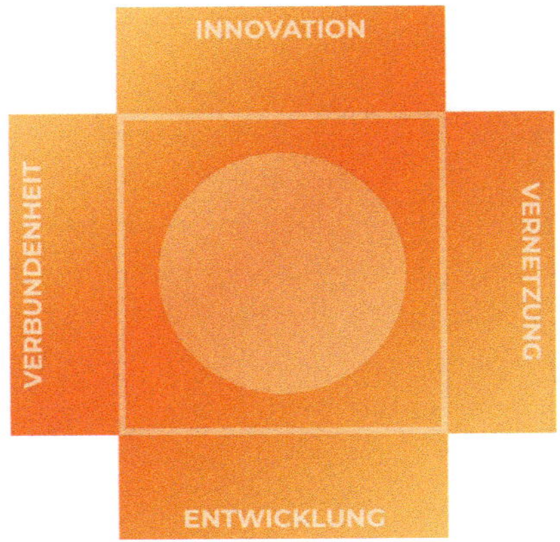

Das ist im Sport nicht anders und immer eine Interpretation der Führungskraft beziehungsweise der Trainerin. Sehr häufig übernehmen Spielerinnen nach einem Trainerinnenwechsel neue Positionen, neue Spielarten und neue Aufgaben. Natürlich haben sich die Spielerinnen nicht an sich verändert, doch ist der Blick einer jeden Trainerin und einer jeden Führungskraft auf jede Mitspielerin und jede Mitarbeiterin eine andere. Anders gesagt: Jede Mitarbeiterin kommt im Zusammenspiel mit einer anderen

Führungskraft auch anders zur Geltung. Wir merken also, dass all dies viel mit persönlicher Ausrichtung und Passung zwischen Menschen zu tun hat. Kommt dann noch die Passung und Dynamik zwischen einzelnen Mitarbeiterinnen hinzu, sprechen wir von sogenannter Teamdynamik.

Wir halten fest !

Die Teamdynamik muss genauso gemanagt werden wie vorhandene Kompetenzen und Fähigkeiten.

Ganz klar: Wenn ich eine Programmiererin brauche, kann ich keine Ingenieurin auf einer bestimmten Position platzieren. Leider stoppen die meisten Führungskräfte exakt nach diesem ersten Schritt der Kompetenzbetrachtung und fügen ihrer Entscheidung nicht auch die individuelle Persönlichkeit und Teamdynamik hinzu. Ein Fehler, denn dies ist ein weiterer, ganz entscheidender Schritt auf dem Weg zum High Performance Team. Schließlich ist auch nicht jede Fußballerin gleich Fußballerin. Die Unterschiede sind enorm. Warum sehen wir dann jede Ingenieurin so, als wären nur die primären Fähigkeiten entscheidend bei Besetzung und Teamorganisation?

3.5 Verantwortung

Ein Satz, den wir in High Performance Teams äußerst selten hören, ist: »Das mache ich nicht, das ist deine Aufgabe.« Und das aus gutem Grund, denn in modernen Teams müssen auch Verteidiger stürmen und Stürmer ebenso verteidigen. Im Team-Spitzensport sehen wir das bereits als eine der zentralen Erkenntnisse und Erfolgskriterien. Warum also nicht auch in Businessteams? In diesem Sinne beinhaltet der Begriff Team eine gemeinsame Verantwortung. Ob gute oder schlechte Ergebnisse, sie werden dem gesamten Team statt einer Einzelperson zugeschrieben.

Dabei ist Verantwortung etwas deutlich Operativeres als eine Rolle oder Position. Verantwortung kann übergeben oder kurzzeitig übernommen werden. Denken wir zurück an das Beispiel vom 2:1-Sieg der Hockeyherren in London, als ein Mittelfeldspieler für die nötigen Tore sorgte. Während eine Rolle insbesondere etwas Soziales beinhaltet – wir sprechen hier von Ideenbringerin, Motivatorin oder Umsetzerin –, beinhaltet Verantwortung in erster Linie etwas inhaltlich-thematisches, heißt: Wofür stehe ich ein?

In High Performance Teams kann es etwa mehrere Leader geben, die abwechselnd in die Führungsverantwortung gehen, völlig unabhängig von Hierarchien. Was früher kaum vorstellbar war, ist heute in den meisten Teamumfeldern schlicht alternativlos, da die Komplexität unserer Umwelt sich in atemberaubender Geschwindigkeit entwickelt. Hier kann nur das Team als Einheit die Verantwortung bewältigen!

Noch ein Beispiel aus dem Fußball: Die rein sportliche Verantwortung von Lukas Podolski während seines letzten Turniers für die Nationalmannschaft war austauschbar, denn er war spielerisch nicht mehr auf Augenhöhe mit der Mannschaft. Doch seine Rolle als Motivator mit hoher sozialer Kompetenz war nicht zu ersetzen!

Ein Team hat also Klarheit über die Verantwortung, wenn jede Person genau weiß, welche Rolle sie bei der Ausführung eines Plans spielt. Auf der einfachsten Ebene erfordert dies, dass jeder Teil des Plans (von einzelnen Aufgaben bis zu übergeordneten Zielen) einer Eigentümerin oder direkt verantwortlichen Person zugewiesen ist. Im Allgemeinen sollte jede Funktion genau eine Besitzerin haben: Wenn niemand für etwas verantwortlich ist, wird es nicht erledigt. Wenn zwei oder mehr Personen die Verantwortung für dieselbe Aufgabe oder dasselbe Ziel teilen, wird dies möglicherweise immer noch nicht erledigt, oder es kann dazu führen, dass Personen einander auf die Füße treten.

Politisches Verhalten in Organisationen und Teams ist oft ein Symptom dafür, dass zwei oder mehr Personen glauben, für dasselbe verantwortlich zu sein. Klarheit in der Verantwortung beinhaltet daher immer auch klare Definitionen von Rollen und Positionen. Rollenklarheit und Verantwortung sind somit zwei Seiten derselben Medaille!

Je schneller die Arbeit an Komplexität zunimmt, desto mehr scheint es, als hätten wir keine Zeit, dem Team Klarheit zu geben. Doch genau dann ist es umso wichtiger für das Team, ein eindeutiges Verständnis zu haben. Klarheit verbessert die Fähigkeit deines Teams zur Ausführung, seine Fähigkeit, die Richtung zu ändern sowie seine allgemeine Zufriedenheit, da die Mitarbeiterinnen mehr Vertrauen haben, dass sie die Arbeit leisten, die sie leisten können und verstehen, warum genau sie im großen Schema wichtig ist.

Wir halten fest !

Ein Team, das angesichts von Unklarheiten unsicher agiert, ist ein Team, das nicht weit kommen wird.

Die Klarheit von Rolle und Verantwortung wird niemals perfekt sein. Aber nur, wenn die Zahnräder von Rolle und Verantwortung einer jeden Mitspielerin, einer jeden Mitarbeiterin ineinandergreifen und Rollen wie Verantwortungen in jeder Spielsituation eindeutig sind, sprechen wir von High Performance Teams.

3.6 Agile Teams

Die meisten Führungskräfte sind heutzutage mit agilen Innovationsteams vertraut. Diese in der Regel kleinen Teams bleiben nah am Kunden und passen sich schnell an veränderte Bedingungen ihres Umfelds an.

Das spannende ist, dass agile Teams bei korrekter Implementierung produktiver sind, ein Projekt schneller umsetzen und bessere Qualität liefern, als dies bei anders arbeitenden Teams beobachtet wird. Bevor wir darauf eingehen, woran das liegt, betrachten wir zunächst den Ursprung und die Arbeitsweise von agilen Teams. In ihrer Entstehung waren sie häufig Projektteams, die einem agilen Projektrahmen zugeordnet wurden. Es ist somit erstmal eine Gruppe von Mitarbeiterinnen, die für die Umsetzung eines Projekts verantwortlich ist. Ein agiles Team verfügt über alle Ressourcen und Kompetenzen im Team, die es für die erfolgreiche Projektrealisierung braucht. Daher ist das Team in der Regel funktionsübergreifend und crossfunktional zu sehen. Die Teamzusammenstellung variiert je nach den Anforderungen des Projekts und der Rahmenbedingungen.

Zu diesen Rahmenbedingungen gehört etwa das sogenannte Scrum Framework, in dem ein agiles Team einen Scrum Master und einen Product Owner sowie alle anderen erforderlichen Teammitglieder benennt. Der Scrum Master ist verantwortlich für das Funktionieren des Teams, das Erleichtern und Verbessern der Zusammenarbeit sowie die Organisation der unterschiedlichen Scrum Events (u. a. Daily, Review, Retrospektive). Der Product Owner ist für die Wertmaximierung des Produkts und die Arbeit des Entwicklungsteams verantwortlich. Und somit auch dafür, dass das Endprodukt den Anforderungen des Kunden entspricht. Alle Mitarbeiterinnen arbeiten in kurzen Intervallen (Sprints) – meist in einem zwei- bis vier-Wochen-Rhythmus –, stimmen die (Zwischen-)Ergebnisse entsprechend regelmäßig ab und steuern auf diese Weise sukzessive in crossfunktionaler Zusammenarbeit auf ein Projektziel zu.

Wir können daher zwei wichtige Erkenntnisse aus der Arbeitsweise von agilen Teams ziehen. Zum einen benötigen auch agile Teams ein stabiles Grundgerüst an Rollenklarheit. Ohne Scrum Master und Product Owner würde auch die hohe Agilität dieser Teams nicht funktionieren. Um es plastisch zu machen, sehen wir diese

Spielerinnen und Rollen als eine Art Mannschaftskern, das zeitweise um weitere Spezialisten ergänzt wird, um das Spiel zu bereichern. Das funktioniert im Sport genauso wie in Businessteams.

Die zweite zentrale Erkenntnis, die wir von agilen Teams mitnehmen können, ist, dass sie ein hohes Maß an Klarheit über ihren Zweck und ihr Anliegen haben sowie eine klaren Zeitlinie verfolgen. Dies ist etwas, das grundsätzlich zu erhöhter Leistungsfähigkeit und Freude in Teams führt, da Teamergebnisse in kurzen Abständen sichtbar werden. Andere Teamstudien (u. a. Googles Project Aristotle) sprechen in diesem Zusammenhang auch von der Sichtbarkeit des persönlichen Effekts.

Das attraktive an der Struktur agiler Teams ist, dass wir sie wunderbar auf viele Bereiche in Sport und Wirtschaft übertragen können, auch wenn sie ursprünglich aus dem Optimierungsgedanken der Softwareentwicklung stammt.

Der Erfolg agiler Teams ist somit nicht allein darin begründet, dass sie flexibel und beweglich sind, sondern auch darin, dass sie crossfunktional aufgestellt werden und unter teamdynamisch sinnvollen Rahmenbedingungen weitestgehend selbstbestimmt agieren können.

3.7 Deine Fragen für die Praxis

Die folgenden Fragen helfen dir für die persönliche Reflexion und sind ebenso wichtig für ein intensives Feedbackgespräch mit deinen Mitarbeiterinnen. Du kannst im Rahmen dieser Fragen auch prüfen, wann eine zusätzliche Aufarbeitung im gesamten Team Sinn macht.

Jegliche Unklarheit und jegliches Zögern bei der Beantwortung dieser Fragen verdient deine Aufmerksamkeit und Nachbetrachtung als Führungskraft. Dabei sollte es nicht dein Anspruch sein, dass alle Antworten klar und eindeutig sind. Tatsächlich tun sich die meisten Mitarbeiterinnen oder Teams zu Beginn einer solchen Vorgehensweise mit der Beantwortung schwer. Aber sie helfen dir und deinem Team, weiterzukommen.

Reflexion zur Rollenklarheit

1. Ist dir klar, wie sich der Erfolg deiner Rolle direkt auf die Qualität und Effektivität im Team auswirkt?
2. Bist du dir klar darüber, was du in deiner Rolle nicht tun sollst?
3. Gibst du deinen positionsspezifischen Aufgaben dieselbe Aufmerksamkeit?

Business Intelligence für Teams

Big Data verändert den Team-Spitzensport und insbesondere den Fußball bereits seit Jahren. Alle großen Clubs wie Dortmund, Liverpool, Bayern oder Barcelona nutzen umfassende Datenanalysen, um ihre Leistungen zu verbessern, Rivalen zu analysieren und das Transfermarktmanagement zu optimieren. Das Hauptziel der Datenanalyse besteht darin, zusätzliche Informationen für den Entscheidungsprozess zu erhalten. Im unternehmerischen Kontext sprechen wir von Business Intelligence, also der datenbasierten Sammlung und Auswertung von Informationen zur Analyse des eigenen Unternehmens und zur optimierten Entscheidungsfindung.

Diese Art der Analyse ermöglicht es Teams im Spitzensport, bislang verborgene Aspekte zu erkennen und eine möglichst objektive Grundlage für teaminterne Diskussionen zu schaffen. Ein starkes Beispiel dazu ist die Michael Jordan Story, siehe Kapitel 4.9, in der es um die Neuausrichtung des Angriffsspiels der Chicago Bulls geht. Der Grundgedanke ist dabei immer identisch:

Wir halten fest !

Bei Business Intelligence geht es um objektive Transparenz und Verständnis zur Versachlichung von Diskussionen.

Dabei ist Datenanalyse nicht nur ein sehr hilfreiches Werkzeug für Teams, sondern inzwischen ein eigenständiger Bereich mit enormem Potenzial für langfristig mehr Performanz und Zufriedenheit in Teams. Das setzt natürlich die professionelle Integration voraus, denn auch, wenn die Einbindung von Big Data und maschinellem Lernen viele Vorteile mit sich bringt, kann die falsche Verwendung von Daten schnell zu ungenauen Schlussfolgerungen und Entscheidungen führen. Daten bedeuten an sich erstmals nichts. Um sinnvolle

Schlussfolgerungen zu ziehen, ist es wichtig, den Kontext zu berücksichtigen. Es gilt den Umgang mit diesem Instrument daher detailliert zu lernen und die Integration in die Prozesse professionell zu begleiten. Die datenbasierte Teamanalytik im Spitzensport ist somit konsequenterweise zu einem eigenständigen Bereich des Trainerteams geworden. Die sogenannten Labtoptrainer sind in aller Munde, seit sie zunehmend am Spielfeldrand auftauchen und Notizblock wie Taktiktafel zunehmend verdrängen.

Datenbasierte Teamanalytik im Spitzensport

Um den Einsatzbereich der Datenanalyse genauer zu verstehen, lohnt es sich, weiter auf den Spitzensport zu schauen. Wie wird hier gearbeitet? Am Anfang steht die Erhebung der Daten. Dies geschieht im Fußball bereits seit Jahrzehnten. Zweikampfwerte, Ecken, Torschüsse, Sprintgeschwindigkeit, zurückgelegte Kilometer, um nur die geläufigsten zu nennen. Auch im Training sieht man keine Spielerin mehr ohne ein Messgerät. Darin steckt sensibelste Technik, die neben Fitnesswerten auch Laufbewegungen, Antrittsgeschwindigkeit und viele weitere Daten erfasst. Damit die Daten als zusätzliche Informationen im Entscheidungsprozess berücksichtigt werden können, müssen sie eingeordnet werden. Dabei nutzt die Teamanalytik sogenannte Benchmarks, also Vergleiche zwischen den neuen und den bereits bekannten, eingeordneten Informationen. So versteht die Teamanalytik zunächst, ob ein bestimmter Wert hoch oder niedrig zu bewerten ist.

In einem zweiten, noch viel entscheidenderen Schritt erfolgt dann die Betrachtung von Außenkriterien. Dies meint die Verbindung eines Messwerts mit externen Erfolgsfaktoren. Ein solcher Erfolgsfaktor kann die Anzahl an erreichten Torabschlüssen eines Fußballteams sein, während ein Messwert z. B. die Zweikampfquote im Mittelfeld, die Anzahl der Gegenpressings oder der in diesem Kontext oft genannte Packing-Wert (Anzahl der mit einem Pass überspielten Gegner) ist.

So ermittelt die Teamanalytik zum Beispiel fünf konkrete Messwerte, die die Wahrscheinlichkeit eines Torabschlusses deutlich steigern.

Dabei ist zu beachten, dass diese Messwerte in Abhängigkeit zu vielen Faktoren stehen. So müssen Rahmenbedingungen wie Teamphilosophie, Spielstil, Taktik und Strategie des Gegners in der Datenanalyse berücksichtigt werden.

Die Ausrichtung und Nutzung dieser Bewertungsmetriken ist daher ein Vollzeitjob für meist mehrere Analysten und Algorithmiker pro Team.

Am Ende fragt die Cheftrainerin allerdings nur eines: Welche Informationen helfen dem Team im nächsten Spiel? Die Herausforderung besteht also darin zu wissen, welche Erkenntnisse wirklich nützlich sind, um in der Folge die richtigen Entscheidungen zu treffen.

Ein weiterer, sehr entscheidender Aspekt ist die verständliche Aufbereitung, Kommunikation und Visualisierung der Daten. Er ist tatsächlich sogar der Schlüssel für die korrekte Verwendung und Anwendung der Datenanalyse. Die besten Algorithmen nützen uns nichts, wenn das Team deren Bedeutung nicht versteht und diese auf dem Fußballfeld nicht in Aktion umsetzen kann. Aus Daten gewonnene Schlussfolgerungen müssen in einer Sprache übermittelt werden, die jede Person versteht und im Entscheidungsprozess verwenden kann. Visualisierungen spielen in diesem Kontext eine große Rolle. Sie sollten so anschaulich und einfach wie möglich sein. Ziel ist es, eine Datengrundlage für zentrale Botschaften zu liefern, ohne mit zu vielen Informationen zu irritieren.

Datenanalyse in Unternehmen

Auch im Unternehmenskontext ist Datenanalyse an allen Stellen angekommen. Seit Jahrzehnten bereits erfassen wir zentrale Performance-Indikatoren, sogenannte KPIs. Im Kern geht es dabei darum, ähnlich wie im Spitzensport, einen Wettbewerbsvorteil zu erlangen oder diesen zu verteidigen. Du bist dabei als Unternehmerin oder Führungskraft entweder Vorreiterin und gestaltest die Veränderung aktiv oder du befindest dich in der Situation, nachziehen zu müssen, um den im Vergleich zur Vorreiterin entstanden Wettbewerbsnachteil wieder auszugleichen.

Kein führendes Unternehmen würde mehr behaupten, dass das Sammeln und Auswerten von Daten und Informationen nicht einen zentralen Aspekt ihrer Arbeit ausmacht. Business Intelligence ist zu einem Grundpfeiler moderner Wettbewerbsfähigkeit geworden.

Auch im Kontext der Personalarbeit sprechen wir mittlerweile von People Analytics, der zentralen Erfassung von People Data. An vorderster Front zur Erhebung von Mitarbeiterdaten stehen Dienstleistungsunternehmen wie Peakon oder Glint. Während diese Anbieter sich maßgeblich mit Informationen zur quantitativen Erfassung der Stimmungslage befassen, gehen die Möglichkeiten oftmals deutlich weiter. So auch im Bereich High Performance Team.

Dabei ist die Erhebung von teils personenbezogenen Daten ein zu Recht kontrovers diskutiertes Thema, das unsere Aufmerksamkeit in verschiedenster Hinsicht verdient. Wir Autoren haben vor allem zweierlei im Blick:

auf der einen Seite die sehr berechtigte Faszination für die neuen Möglichkeiten, auf der anderen Seite die strikte Wahrung von ethischen Grundsätzen.

Dabei gilt für uns ein einfacher Grundsatz, der auch in der seit Mai 2018 gültigen Datenschutzgrundverordnung seinen Anker findet. Die Rede ist von Freiwilligkeit bei der Erhebung von Daten sowie deren konsequenter Anonymisierung, insofern diese nicht sinnvoll – und ebenfalls freiwillig! – in einem definierten Kreis geteilt werden wollen.

Wie du vermutlich selbst bereits erlebt hast, gelingt das nicht in allen Unternehmen ausnahmslos gut. Es ist aber genau dieser anfängliche Lernprozess im Umgang mit neuen Möglichkeiten, für den wir insbesondere in Deutschland eine große Chance sehen. Kein anderes Land verbindet eine so hohe Innovationskraft und unternehmerische Möglichkeiten mit den Mitbestimmungsrechten von Mitarbeiterinnen. Eine echte Chance, Daten für (!) Menschen nutzbar zu machen und nicht, sie gegen sie zu verwenden!

Ganz praktisch: MONDAY.ROCKS

Viele Menschen wünschen sich Möglichkeiten von ihrem Arbeitgeber, sich selbst weiterentwickeln und bestmöglich entfalten zu können. Die Fragen, was sie sich dafür denn wünschen und was für sie im Arbeitskontext wirklich Sinn stiftet, können viele oftmals aber nicht beantworten. Und wenn danach gefragt wird, was denn den Kolleginnen und Kollegen jeweils wichtig ist, wird die Sache noch herausfordernder.

Denke einmal an dein Arbeitsumfeld: Von wie vielen Personen kennst du zentrale Werte und Passionen und kannst auf dieser Basis ihr Verhalten besser einordnen, verstehen und Zusammenarbeit optimieren? Arbeitet ihr als festes Team in überschaubarer Größe seit mehreren Jahren unverändert zusammen, hat sich die gegenseitige Einschätzung häufig mit der Zeit aufgebaut – mal stimmiger, mal weniger stimmig. Schauen wir uns aber die heutige, sich immer schneller verändernde Arbeitswelt an, ist das ein auslaufendes Teammodell. Denn die zunehmende Dynamik zeigt sich auch in Teamstrukturen: Mitarbeiterfluktuation, zeitlich begrenzte Projektteams, rotierende Arbeitsgruppen und eine wachsende Zahl an informellen, »versteckten« Teams. Die Zeit, sich als Team zusammenzufinden und einen guten Grundstein für die Zusammenarbeit zu legen, ist immer knapper. Dabei liegt in der Qualität eines Teams und der Teamarbeit als solche der Schlüssel für Gesundheit und Produktivität. Doch was zeichnet die Qualität eines Teams aus? Und wie kann ich dies bei der Teamaufstellung und -organisation berücksichtigen? In der Praxis zeigt sich regelmäßig: Manche Teams funktionieren besser als andere und das, obwohl die fachlichen Kompetenzen und Erfahrungen vergleichbar sind. Es geht neben der Fachlichkeit also auch um die Personen als solche und ihr Zusammenspiel miteinander.

Genau dies umzusetzen ist eine große Herausforderung und häufig unlösbare Aufgabe für Führungskräfte, gerade wenn diese keinen persönlichen Kontakt zu allen Mitarbeitenden haben können, schlicht aufgrund der Führungsspanne oder der räumlichen Trennung. Homeoffice, Remote-Teams und virtuelle Teams sind hier beispielhaft zu nennen. In beiden Szenarien – Kollaboration im Team sowie Teamaufstellung und -organisation – können digitale Algorithmen und datenbasierte Empfehlungen Abhilfe schaffen und Performance sowie Zufriedenheit sichern. Hier kommen Unternehmen wie MONDAY.ROCKS ins Spiel, die sich mit digitalen Applikationen auf Teamanalyse und Teamarchitektur spezialisieren. Grundelemente jeder Teamanalyse sind die einzelnen Teammitglieder. So wird in einem ersten Schritt für jede Mitarbeiterin ein individuelles Profil erstellt, das abbildet, was ihr im beruflichen Kontext wichtig ist und was sie antreibt. Hierfür wird ein an validierte, psychologische Modelle angelehntes Frage-Set beantwortet und in Echtzeit ausgewertet.

Dieser Schritt ist vergleichbar mit der Datenerhebung in den genannten Beispielen im Spitzensport. Die ermittelten Daten jeder Einzelnen können anschließend freiwillig mit dem Team geteilt werden. Dabei ist die Akzeptanz in Teams sehr hoch, insofern die Transparenz der Ergebnisse wechselseitig ist – was selbstverständlich auch die Führungskraft miteinbezieht. Ist dies sichergestellt, entsteht ein Austausch auf Augenhöhe, der eine echte Weiterentwicklung des Teams ermöglicht.

Die App für sinnbasierte Teamarchitektur von MONDAY.ROCKS generiert zusätzlich – basierend auf den einzelnen Profilen im Team – Kommunikations- und Interaktionshinweise zu jedem Teammitglied.

Dieses Vorgehen schafft einen wichtigen Grundstein für werteorientierte Kollaboration und ist eine einfache, zielführende Möglichkeit, sich besser kennenzulernen und Vertrauen zueinander aufzubauen – insbesondere für neu zusammengestellte Teams ein hilfreicher Einstieg.

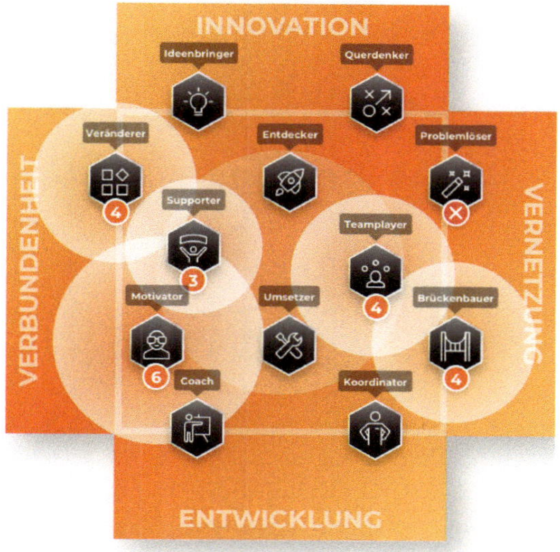

Die gewonnenen Daten bilden zusätzlich die Grundlage dafür, Vorschläge für die jeweilige Position oder Rolle im Team zu generieren und so die Einzelbausteine der Teamarchitektur zusammenzutragen. MONDAY.ROCKS arbeitet mit zwölf Teampositionen, die in vier Bereichen verortet sind.

Diese vier Bereiche spiegeln die zentralen Herausforderungen der aktuellen Arbeitswelt wider und stellen das Baugerüst der Teamarchitektur dar: 1. Innovation (mit Aspekten wie Ideengenerierung, Disruption, Veränderung), 2. Entwicklung (mit Aspekten wie Prozessintelligenz, Effizienz, Umsetzung), 3. Vernetzung (externer Fokus, z. B. Kooperationen, Netzwerke), 4. Verbundenheit (interner Fokus, z. B. Team Bonding, gemeinsame Ausrichtung).

Zu den zwölf Positionen erhält jedes Teammitglied konkrete Vorschläge, die vom Antwortmuster als am besten passend angenommen werden. Die Vorschläge werden dann final durch das Teammitglied bewertet. Neben dem eigenen Feedback bietet die App zusätzlich die Möglichkeit, Positionsfeedback vom Team zu erhalten. Auf diese Weise kann abgeglichen werden, ob das Selbstbild der Außenwahrnehmung im Team entspricht oder die Einschätzungen möglicherweise auseinandergehen.

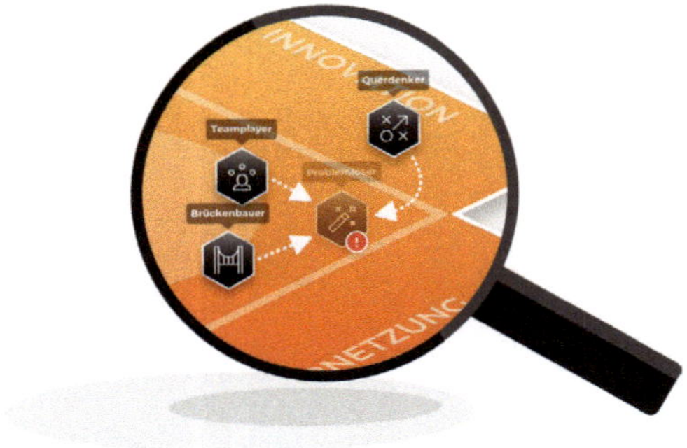

Aber woher kommen die Positionsvorschläge? Hier kommt maschinelles Lernen ins Spiel. In Testversionen werden stetig Daten in die Anwendung gespeist, über welche diese lernt und ihren Berechnungsalgorithmus optimiert. So versteht sie immer besser, wie im Hinblick auf Zufriedenheit und Performance eine optimale Positionierung im Team aussieht.

In Abhängigkeit von Teamgröße und Teammitgliedern kommt es auch dazu, dass einzelne Positionen nicht besetzt sind. Hier ist es zunächst wichtig zu differenzieren, ob diese Positionen für das Team eine Relevanz haben oder nicht weiter zu beachten sind. Um dies zu entschlüsseln, wird in der App ein interaktiver Frage-

bogen eingesetzt, über den Teamart und Teamanforderungen bestimmt werden. Ähnlich wie bei den Positionsvorschlägen wird auch an dieser Stelle via maschinelles Lernen die Bestimmung der Positionsrelevanz in Abhängigkeit zur Teamanforderung stetig optimiert.
Die App kann so die empfohlene Aufstellung maßgeschneidert an das Team anpassen. Für nicht besetzte, jedoch relevante Positionen werden Hinweise generiert, worauf besonders geachtet werden soll und wie die offene Flanke bestmöglich kompensiert werden kann.

Neben diesen Bereichen der Datennutzung, die primär den Status Quo beleuchten, kommt die Datenanalyse auch in Bezug auf die Erhebung von Entwicklungspotenzialen und das kontinuierliche Messen von Erfolgsindikatoren zum Einsatz. Auf dieser Basis wird Teamentwicklung maßgeschneidert auf die Herausforderungen des Teams ausgerichtet und abhängig vom Erfolg der Maßnahmen nach Bedarf dynamisch neu justiert.

Über die Anwendung für einzelne Teams hinaus bietet MONDAY.ROCKS auch Werkzeuge, die flexibel und unternehmensweit eingesetzt werden und weitere Daten-Features bieten. Hier können zum Beispiel unternehmensweite Analysen durchgeführt, Benchmarks erstellt und (Projekt-)Teams aus einem Gesamtpool der Mitarbeiterinnen nach den Kriterien sinnvoller Teamarchitektur zusammengestellt werden.

Trotz all der Daten und Analysen bleibt dabei die Person im Mittelpunkt. Die Teamarchitektur justiert sich an den vorhandenen Mitarbeiterinnen, nicht andersherum. Ziel ist neben dem unternehmerischen Mehrwert immer auch die Zufriedenheit und das Sinnerleben der Einzelnen. Denn nur, wenn diese vorhanden sind, erbringen alle gerne und gute Leistungen. MONDAY.ROCKS ermöglicht darüber hinaus einen hybriden Ansatz, also die Kombination von digitaler Anwendung und persönlicher Begleitung durch Trainer und Coaches vor

Ort. Die digitale Anwendung soll persönlichen, analogen Austausch nicht ersetzen, sie soll diesen vielmehr fördern und vereinfachen, indem Konflikte reduziert werden und Verständnis gestärkt wird.

Was bedeutet Business Intelligence für mein Team?

Die genannten Beispiele aus Leistungssport und technischen Lösungen lassen natürlich genau diese Frage aufkommen. Was bedeutet diese neue Form von Business Intelligence und Teamanalyse für die Führung von heute – und vor allem für die Führung von morgen? Bleibe ich zurück, wenn ich diese Möglichkeiten in meinem Team nicht nutze?

Wir als Autoren sind davon überzeugt, dass auch das Thema Business Intelligence für Teams kein Allheilmittel auf dem Weg zum High Performance Teams ist, sondern vielmehr einen weiteren, wichtigen Baustein darstellt, den du auf deinem Weg zum High Performance Team zu deinem Vorteil und zum Vorteil deines Teams nutzen kannst.

Betrachten wir andere technische Fortschritte wie zum Beispiel die vernetzten Möglichkeiten von Microsoft Office, so würde deren Wettbewerbsvorteil heute niemand mehr bestreiten. Natürlich haben Teams auch vor der digitalen Datenverarbeitung in Büros funktioniert. Gleichzeitig sind die Vorteile offensichtlich. Doch entscheidet allein dieser Faktor über den Erfolg deines Teams? Sicher nicht! Es ist ein weiteres Element, welches ein High Performance Team wahrscheinlicher macht.

Gleichzeitig liegt dem Einsatz von Business Intelligence für Teams auch etwas Besonderes zugrunde. Denn Teamanalyse in Business und Sport stellt nur ein erstes Ergebnis dar, welches dann richtig interpretiert und in Aktion umgesetzt werden muss. Der richtige Umgang mit diesem Instrument ist daher entscheidend. Wenn es dir nicht gelingt, aus der Analyse deines Teams die richtigen Schlüsse zu ziehen, bleibt das High Performance Potenzial ungenutzt. Insofern sind die professionelle Integration und der bewusste Umgang mit diesen neuen technologischen Möglichkeiten die eigentliche Leistung, die du als Führungskraft erbringst.

Eine moderne Managerin oder moderne Führungskraft kann nicht mehr auf die gleiche Art und Weise auf ihre Teams schauen, wie das noch vor 20 Jahren der Fall war. Dieses veränderte Mindset in Kombination mit den technischen Möglichkeiten der Teamanalyse kann deutliche Wettbewerbsvorteile erzeugen. Das eine ohne das andere funktioniert jedoch nicht.

An dieser Stelle möchten wir dich an die Worte aus dem Vorwort von Oliver Bierhoff erinnern, der deutlich darauf hinweist, dass technologischer Fortschritt in der Führung und Analyse von Teams immer nur gekoppelt mit einem hohen Maß an menschlicher Führungsstärke und persönlicher Nähe erfolgreich sein wird. Dies möchten wir als Autoren an dieser Stelle ebenfalls noch einmal deutlich unterstreichen: Mehr Digitalität und mehr Menschlichkeit im Umgang mit unseren Teams sind für uns alles andere als ein Widerspruch. Ganz im Gegenteil, wir erleben über die technischen Möglichkeiten einer psychometrischen Teamanalyse eine völlig neue, fundierte Tiefe in der persönlichen Auseinandersetzung. Tatsächlich sehen wir dies auch an anderer Stelle in der aktuellen Zeit. Bedingt durch die Corona-Krise setzen mehr und mehr Teams auf Videokonferenzlösungen im Homeoffice. Das führt zwangsläufig dazu, dass wir unsere Kolleginnen, Mitarbeiterinnen, Führungskräfte und Kundinnen in Situationen und Räumen wahrnehmen, die uns üblicherweise schlicht verborgen bleiben. Wir sehen das Bücherregal einer Kollegin mit spannenden Titeln im Hintergrund. Wir hören die Kinder im Nebenzimmer spielen. Oder der Postbote klingelt und macht es nötig, das Meeting kurz zu unterbrechen. Auch hier schafft Digitalität in Form von Videokonferenztechnik den Vorstoß in den privaten

Raum und vernetzt und verbindet das Berufliche mit dem Privaten in einer Art und Weise, wie wir es bislang nicht kannten.

Gleichzeitig empfinden das die wenigsten von uns als unangenehm, lässt uns dies doch deutlich besser wahrnehmen, wie viel Ähnlichkeit im privaten Kontext zwischen uns allen liegt. Das häufig aalglatte Verhalten, das wir aus dem geschäftlichen Leben kennen, stellt sich hier auf einmal ganz anders dar.

Worauf wollen wir hinaus? Der entscheidende Punkt ist, dass uns technische Lösungen einander näherbringen können und den persönlichen wie menschlichen Fokus verschieben. An Gleiches glauben wir auch im Kontext von Teamanalyse und Business Intelligence für Teams.

So wie es seine Zeit gebraucht hat, bis Videokonferenzlösungen zum Standard für Meetings wurden, so wird es auch seine Zeit brauchen, bis die datenbasierte Teamanalyse zum Standard im geschäftlichen Umfeld wird. Auch hier ist der Leistungssport Vorreiter für Entwicklungen, die wir in den nächsten Monaten und Jahren erleben werden! Die Laptoptrainer dominieren die Bundesliga und sind dabei vermutlich menschlich näher an ihren Spielern und Spielerinnen als die Mehrheit der Trainergeneration zuvor.

Du hast an dieser Stelle die Chance als Führungskraft und Unternehmerin, mit zu den Vorreiterinnen zu gehören, den neuen Trend an dieser Stelle aktiv mitzugestalten und die Wettbewerbsvorteile für dich und dein Team zu nutzen.

4 Hard Love Leadership

Was haben Günter Jauch und Jürgen Klopp gemeinsam? Richtig, die älteren Semester unter uns erinnern sich noch an die Fußball-WM 2010. Der damals bereits bekannte und erfolgreiche Fußballtrainer Klopp kommentierte und analysierte in bekannt natürlicher und spitzbübischer Manier als Experte bei RTL Fußballspiele der Weltmeisterschaft. An seiner Seite: Fernseh-Evergreen und Everybody's Darling Günter Jauch als sein Chef in der Funktion des Hauptmoderators. Ihre Anmoderationen und Halbzeitgespräche wurden Kult. Schließlich gelang es ihnen gemeinsam, formale Fußballtaktiken mundgerecht mit viel Witz und Charme zu präsentieren und für jedermann verständlich zu machen.

Eine weitere Gemeinsamkeit liegt in einem nicht minder spannenden Bereich. Beide genießen neben ihrem Prominentenstatus eine themenübergreifende Vorbildfunktion, wie sie ihresgleichen sucht in Deutschland. Als 2016 bekannt wurde, dass Bundespräsident Joachim Gauck für eine weitere Amtszeit nicht zur Verfügung steht, war es wieder einmal der Moderator und Quizkönig Jauch, der die Umfragen für eine Nachfolge Gaucks anführte. Ja, diesen sympathischen Jauch könne man sich bestens als deutsches Staatsoberhaupt vorstellen, schließlich sei kaum jemand natürlicher, gebildeter und vertrauenswürdiger als der eloquente und bodenständige Wahl-Potsdamer.

Ähnlich verhält es sich bei Jürgen Klopp. Es gibt zum Erscheinungszeitpunkt dieses Buches wohl kaum einen Mannschaftstrainer weltweit, der mehr Anerkennung genießt als der Gute-Laune-Typ Klopp. Und seine Strahlkraft reicht weit über den Fußball hinaus. Kaum ein Wirtschaftsmagazin, kaum ein Ratgeber konnte es sich bisher erlauben, nicht auch einen oder mehrere Blicke auf die Erfolgsgeheimnisse zur Teamführung des Ex-Mainzers und -Dortmunders zu werfen. Vor allem das außerordentliche Interesse der Wirtschaftswelt an seinen Gedanken, wenn er über Teams, Kultur und Einsatz spricht, mag nur auf den ersten Blick überraschen. Denn auch du liest dieses Buch (hoffentlich) aufgrund der Überzeugung, dass die Welten des Leistungssports und des Wirtschaftslebens mehr Gemeinsamkeiten als Unterschiede aufweisen. Manager suchen bei ihm also zumindest gedanklichen Rat, schließlich wollen auch sie endlich mal ein Team führen, das so erfolgreich und emotional stabil zu sein scheint wie Klopps kickende Hochgeschwindigkeitstruppe aus Liverpool. Gemeinsam haben Jauch und Klopp in diesem Kontext, dass sie aufgrund ihrer Erfolge und ihres Auftretens, zunächst nur ihrer jeweiligen Branche, gleichwohl als überragend kompetent eingeschätzt werden, auch in anderen Bereichen erfolgreich Verantwortung zu übernehmen. Die Sozialpsychologie beschreibt dieses Phänomen im Übrigen als sogenannten Halo-Effekt, bei welchem du aufgrund bekannter Eigenschaften einer (dir sympathischen) Person auf weitere Fähigkeiten dieser Person schließt, obwohl du diese weiteren Fähigkeiten faktisch nicht kennst. Jauch und Klopp wird es freuen, auch wenn sie sich wahrscheinlich selbst nie als Bundespräsidenten oder Dax-CEO ins Rennen bringen würden.

Was genau eigentlich erhoffen sich Manager, Führungskräfte, die hiesigen Autoren und die ehrgeizige Trainerin von nebenan von Jürgen Klopp zu lernen? Wahrscheinlich genau das, was es nicht so einfach zu lernen gibt und gleichzeitig so wunderbar inspirierend ist: seine Art, Menschen zu begeistern und diese zu Höchstleistung zu bringen. Eine Verbindung zwischen der Führung und den Mitarbeiterinnen aufzubauen, welche sich jedoch nicht wie eine Über- oder Unterordnung anfühlt, sondern vielmehr wie ein großes WIR. Sicher ist: Prominente Idole sind wichtig und gut, schließlich scheinen sie viel richtig zu machen und strahlen eine gewisse Faszination auf den Empfänger aus. Ein einfaches Kopieren ihrer Ideen, Entscheidungen etc. wird jedoch nicht funktionieren und ist auch nicht ratsam, weil sie eben sie sind und du eben du bist. In einer viel beachteten Fernsehdokumentation über Jürgen Klopp sagt dieser selbst, sein Talent zum Reden sei ihm in die Wiege gelegt und über sein Auftreten mache er sich nur selten wirklich Gedanken. Das klingt einfach und gut und dadurch ist es einfach gut! Zusammengefasst: Er ist, wie er ist und glaubt an das, was er tut.

Dieses *Tun* nehmen wir im Folgenden zum Anlass und schauen genauer hin.

- Wie erreiche ich meine Mitarbeiterinnen und ermögliche ihnen, Höchstleistung abzuliefern?
- Wer entfaltet eigentlich die sichtbare und gewünschte Leistung?
- Wie passen individuelle Förderung und Teamgefühl zueinander?

4.1 Hardliner vs. Leading with the heart

Deine Mitarbeiterinnen als Führungskraft täglich emotional und inhaltlich zu *erreichen*, ist die Grundlage für die Entwicklung eines High Performance Teams. Mit dieser These startend schauen wir uns das Beziehungsverhältnis von Führungskraft und Mitarbeiterin nun genauer an.

Wann und wie erreiche ich Menschen eigentlich? Hierfür gibt es aus unserer Sicht keine allgemeingültige Lösung. Oft erleben wir jedoch Fälle, in denen Menschen ihren Job verloren haben, weil offensichtlich keine Verbindung mehr zwischen den Beteiligten bestand und es kein Fortkommen im Erreichen bestimmter Zielsetzungen gab. Hier ist der Sport Negativbeispiel Nummer eins, wenn wir davon hören, dass eine Sportlerin von ihrer Tätigkeit freigestellt wird, weil das Verhältnis zu ihrer Mannschaft nachhaltig gestört sei und sie diese nicht mehr erreiche. Das klingt nachvollziehbar und schwer erklärbar zugleich. Zumal die Gründe vielfältig sein können, warum es zu einer solchen Negativprognose bezüglich der Entwicklung in der näheren Zukunft kommt.

Gleichzeitig hören und sehen wir Verbindungen zwischen Menschen und wir spüren: Da wird am gleichen Strang gezogen. Du spürst förmlich die Energie zwischen den Menschen und siehst ebenso am Ergebnis der

Arbeit, eines Prozessschrittes oder des Spiels, dass sich Führung und Mitarbeiterinnen offensichtlich sehr einig über das *Was* und das *Wie* in der Ausführung waren. Genau erklären oder verstehen können wir dies aus der Ferne meist nicht. Aber auch wir möchten es in unserem Umfeld möglichst oft erleben!

Wir erreichen Menschen, mit denen wir gemeinsam wiederum etwas erreichen wollen, nur dann, wenn wir es schaffen, Energie und Zuversicht in die unmittelbare Zukunft zu lenken. Der Führungskraft kommt hier die entscheidende Aufgabe zu. Schließlich benötigt Energie stets eine Quelle, von der sie ausgeht. Wir alle kennen Menschen, die wir eher als energiegebend oder eher als energieraubend wahrnehmen. Wahrscheinlich sind wir uns einig, dass wir uns mit erstgenannten lieber ab- und umgeben, was auch richtig und wichtig ist. Wir folgen Menschen eher und auf natürliche Art, die jede Form von Energie und Aufwand in uns und die Situation stecken. Und wir wissen das zu schätzen. Meist bereits bewusst in der jeweiligen Situation, manchmal auch unbewusst mit der Erkenntnis einige Zeit danach: »Stimmt, sie hat es damals ausschließlich gut mit mir gemeint. Jetzt wird es mir erst richtig klar.«

Doch wie gelingt es uns, dass sich Mitarbeiterinnen energetisch von uns inspiriert fühlen und dadurch bessere Leistungen, höheren Aufwand und mehr Ehrlichkeit in der täglichen Beziehung an den Tag legen?

Wir halten fest !

Nur wenn wir aufrichtig an Menschen glauben, glauben sie auch an uns und wir können gemeinsamen Überzeugungen folgen.

Die Kunst erfolgreicher Führung leistungsstarker Teams liegt aus unserer Sicht, immer mit Blick auf wissenschaftliche Erkenntnisse und praktische Erfahrungen, im Mix aus Klarheit und Empathie. Hiermit ist nicht das veraltete Modell »Zuckerbrot und Peitsche« gemeint, nach welchem ich bewusst Härte oder Nähe anwende, um mein Verhältnis in der Über- und Unterordnung immer wieder klarzuziehen. Eine nachhaltig erfolgreiche Führung denkt gerade nicht in solchen Bildern. Sie denkt allein und stets daran, was es braucht, um aus der Gemeinschaft an Menschen, denen sie zunächst rein formal vorsteht, das Maximum an Energie und Leistungsbereitschaft herauszuholen. Die Hardlinerin, die meint, nur ihre Sicht entspricht der Wahrheit und nur ihre Worte zählen am Ende, wird in 95 Prozent der Fälle keinen spürbaren Erfolg einfahren. Es bedarf schon einer sehr bewusst gewählten Struktur oder lang entwickelten Kultur, um allein über Command and Control mit harter Linie erfolgreich zu führen. Ebenso werden reine Herzensentscheidungen aus Sympathie für Mitarbeiterinnen nicht des Rätsels Lösung sein, da es als Führungskraft nicht meine Aufgabe ist, es jeder Person immer recht zu machen. Meine Aufgabe ist es vielmehr, eine Organisation durch Weiterentwicklung am Leben zu halten und dabei einen hoffentlich klar etablierten Sinn und Zweck für den Kunden als Basis zu haben. Die Lösung, oder nennen wir es lieber Ansatzpunkt, wird also irgendwo zwischen einem Hardlinerkurs und der Lösung mit Herz liegen. Erfolgreiche Trainerinnen, die ihre Spielerinnen nach einem Sieg umarmen, fröhlich über das Feld schwadronieren und glauben, wir würden allesamt in einer »Wir-haben-uns-alle-lieb-Welt« leben, irren gewaltig. Es ist vielmehr die Kombination aus dem gemeinsamen, emotionalen Anliegen, etwas Großes zu erreichen, und dem Detailreichtum, aus jeder Einzelnen stets die beste Leistung herauszuholen. Es geht somit um *Hard Love*: das konsequente Verfolgen von Zielen aus einer tiefen Verbindung zu jeder daran beteiligten Mitstreiterin. Der Kommunikationspsychologe Friedemann Schulz von Thun spricht von Souveränität zweiter Ordnung, welche er als Verbindung von Professionalität und Menschlichkeit beschreibt und die von den Werten Effektivität und Humanität geprägt wird.

Die Botschaft von Hard Love

Ich glaube an dich und gerade deshalb gehe ich wertschätzend und konstruktiv-kritisch mit dir um. Ich begegne dir empathisch und klar.

!

Wir sehen eine realistische Möglichkeit und Chance darin, konsequent zu führen und sich gleichzeitig empathisch und zugewandt zu verhalten. Beide Verhaltensweisen stehen dabei stets in einer dynamischen Balance, die kontrolliert und ausgeglichen werden will.

Ob du unter Anwendung dieses Ansatzes in der Lage bist, aus deinen Mitarbeiterinnen mehr Leistung herauszuholen, wirst du in der Praxis testen müssen. Allein: Vergiss, dass du etwas aus ihnen herausholen *musst*. Menschen können und sollten nur etwas *von sich selbst aus* wollen, liefern und energetisch zu Tage holen. Deine Aufgabe in der Führung ist es daher, das zu ermöglichen und so zu verselbständigen, dass es keiner täglichen Motivationskeule oder bösen Blicke bedarf.

Im Sport wird hierzu passenderweise oft zwischen der Rolle der Trainerin und des Coaches unterschieden. Während die Trainerin für die Gestaltung des Trainings und somit für die *Leistungsentwicklung* zuständig ist, obliegt dem Coach die Aufgabe der *Leistungsentfaltung* der Athletinnen im Wettkampf. Es gibt durchaus Sportarten, in denen das Training unter der Woche hauptverantwortlich von anderen Trainerinnen geleitet wird als von dem uns bekannten Gesicht, welches am Wochenende am Spielfeldrand zu erkennen ist. Letzteres gehört zum Aufgabengebiet des Headcoaches, der gesamtverantwortlich für den Erfolg der Mannschaft ist. In Spezialgebieten, wie dem Training, bedient er sich aber weiterer Spezialistinnen, denen er in bestimmten Teilbereichen größere Kompetenzen zuschreibt als sich selbst. Trainerteams mit einer klaren Aufgabenverteilung sind der Inbegriff moderner Unternehmensführung und wir werden das Thema am Ende des Buches noch genauer beleuchten.

Dem Headcoach obliegt also die Aufgabe der Leistungsentfaltung, die Spielerinnen punktgenau im Wettkampf zur Höchstleistung zu begleiten. Er weiß und berücksichtigt dabei stets, dass diese Entfaltung einen zentralen Entstehungspunkt hat: das Innere einer Spielerin selbst.

Hier begegnen wir wieder unserem Kapitelhelden. Wer glaubt, der rhetorisch starke Jürgen Klopp würde tagein, tagaus vor seiner Mannschaft stehen, große Reden schwingen, emotionale Filme zeigen und sonstige Motivationen aus einem Handbuch anwenden, der irrt nach unserem Kenntnisstand gewaltig. Es ist vielmehr die Führung im Kleinen, auf der individuellen Ebene, stets gepaart mit dem Bezug zur Mannschaft. Die Psychologen Jan Mayer und Hans-Dieter Hermann haben in ihrem Buch »Make them go!« anschaulich und passend den Dreiklang des Ich-Du-Wir zum Aufbau ihres Buches gewählt. Er beinhaltet, dass erfolgreiche Kommunikation sowie jegliche Führung erfolgreicher Gruppen und Teams bei mir selbst, dem *Ich*, zu beginnen haben. Nach dem Blick auf die Selbstführung folgt der Blick auf das *Du*, sprich, meiner Spielerin oder Mitarbeiterin. Erst, wenn auch dieses Verhältnis klar und widerstandsfähig zumindest eine Basis entwickelt hat, lohnt sich der Blick auf das teamentwickelnde *Wir*. Dieser Weg vom Kleinen zum Großen, vom Inneren zum Äußeren, beschreibt nachvollziehbar eine sinnvolle Denk- und Arbeitsstruktur, sich als Teil eines hochperformanten Teams zu entwickeln.

Mit Blick auf den beschriebenen Ich-Du-Wir-Dreiklang behandeln wir in diesem Kapitel folglich die Du-Sicht. In diesem Wechselspiel zwischen dir und deiner Rolle im Team musst du als Führungskraft täglich beobachten und agieren. Deine Mitarbeiterinnen benötigen ein klares Gefühl dafür, was Führungskraft und Team von ihnen erwarten. Nur wenn es gelingt, innerhalb dieses dualen Erwartungshorizonts zu führen, wirst du anhaltenden Erfolg in der Zusammenarbeit mit Menschen haben.

Frage dich selbst

!

Was benötigt die Mitarbeiterin von mir als Führungskraft und was benötigt das Team wiederum von der Mitarbeiterin?

Im Folgenden haben wir einige Sichtweisen und Gedanken zusammengestellt, welche direkten Bezug auf das Verhältnis zum *Du* haben. Die direkte Kommunikation von mir zu dir, von der Trainerin zur Spielerin, vom Vater zur Tochter ist noch immer die wichtigste Verbindung für eine gelingende zwischenmenschliche Beziehung. Hier unterscheiden sich Sport-, Business- und die gesellschaftliche Welt nicht voneinander.

4.2 Individuelle Führung

In den Kapiteln 1 und 2 haben wir umfassend beschrieben, wie wichtig der Blick auf die Motive und Ziele der Einzelnen sind. Jeder Mensch hat persönliche Treiber und Stärken. Die Frage ist nun, ob ich als Führungskraft diese Treiber jeder Mitarbeiterin kenne und sie genau dort einsetze, wo sie sich bestmöglich in ihrer Persönlichkeit entfalten kann. Große Softwarekonzerne wie Netflix oder Spotify machen es uns (umgekehrt) aus Kundensicht vor. Beide Portale bieten mir als Userin maßgeschneiderte Angebote hinsichtlich meines Film- und Musikgeschmacks. (Da taucht schon mal die Frage auf, woher sie das eigentlich so konkret wissen.) Das nennt man individuelle Kundenfokussierung par excellence. Einen weiteren Ausflug in die Welt der Algorithmen und personifizierten Datensammlung ersparen wir uns an dieser Stelle.

Nicht anders sollte es bei unserem Blick auf die Mitarbeiterinnen um uns herum aussehen. Personalisierte Führung ist die adäquate Antwort auf eine Zeit, in der Konsum, Kommunikation und Entertainment zeit- und ortsunabhängig geworden sind. Da vieles austauschbar und jederzeit abrufbar ist, sehnen wir uns umso mehr nach Wertschätzung. Wir wissen jeden von Herzen kommenden Kontakt sowie ehrliche Aufmerksamkeit zu schätzen. Gerade sehr junge Mitarbeiterinnen suchen Orientierung und wünschen sich von Jahr zu Jahr mehr persönliche Ansprache und Begleitung seitens ihrer Führung. Dies zumindest belegt der Future Talents Report des HR-Beratungsunternehmens Clevis aus München.

Jede Mitarbeiterin benötigt dabei eine eigene, auf sie bezogene Ansprache von uns. Jede ist ein anderer Typ, hört auf einem anderen Ohr, hat individuelle Verhaltensmuster und eine spezielle Rolle im Team. Das Gießkannenprinzip, nach welchem über alle Pflanzen dieselbe Pflege geschüttet wird in der Erwartung, alle würden schon gleichermaßen wachsen, gilt selbst in der Natur nicht. Es gibt Blumen, die benötigen mehr oder weniger Wasser und mehr oder weniger Sonnenlicht. Auch wenn die Pflanzenkunde sicher nicht zu den Kernkompetenzen der Autoren zählt: Wir wissen, dass es der Zeit und Hingabe bedarf, sich um Menschen zu kümmern und sie bei ihrem persönlichen Wachstum zu begleiten. Wachsen müssen sie allein. Und das werden sie auch. Was wir jedoch tun können ist, ihnen dabei individuell Zuspruch, Aufmerksamkeit und persönliche Ansprache zu widmen.

Wir halten fest

!

Wir müssen nicht alle Teammitglieder gleich behandeln, aber wir müssen dafür sorgen, dass alle für das gleiche stehen!

Mitarbeiterinnen ist eine authentische Beziehung zur Führungskraft wichtig. Hier muss und darf es auch nicht um Extrembeziehungen wie Freundschaften gehen. Es geht aus Mitarbeiterinnensicht darum zu wissen, woran man ist und das Gefühl zu haben: »Da sieht jemand etwas in mir und geht auf mich als Mensch und auf meine Bedürfnisse ein.« Wir bedienen dabei kein Wunschkonzert und sollten Ego-Nummern der Mitarbeiterinnen stark im Blick haben. Mitarbeiterinnen sollten vielmehr im Rahmen eines verträglichen *Wir* und einer übergeordneten Idee sowie Vision ihre Stärken voll entfalten können. Wir können und dürfen dabei nicht jeder Mitarbeiterin jeden Tag hinterherrennen. Aber wir sollten und müssen ihr das Gefühl geben, so sein zu dürfen, wie sie ist. Letzteres fühlen Menschen ganz genau und entfalten erst aus dieser spürbaren Akzeptanz heraus ihre Potenziale.

Es ist also wichtig, sich bewusst zu machen, dass die erfolgreichsten Teams stets unterschiedliche Typen an Menschen und Charakteren enthalten. Das betrifft die Art zu denken, zu kommunizieren und Probleme zu lösen. Wir brauchen den Mut als Führungskraft, unsere Teams bewusst heterogen zusammenzustellen. Diese Heterogenität zuzulassen, ist ein anspruchsvoller, aber sehr wertvoller Schlüssel, damit die verschiedenen Rollen und Verantwortungen auch zum Wohle des Teams bestmöglich ausgelebt werden können.

4.3 Lob wird überschätzt

Was soll denn nun diese Überschrift? Jahrelang bekommen wir zu hören und zu lesen, dass deutsche Chefinnen zu wenig loben. Eine groß angelegte Gallup-Studie liefert regelmäßig Hinweise, Führungskräfte sollen bitte mehr loben. Schließlich wirke sich dies positiv auf die Motivation der Mitarbeiterinnen und deren Bindung an das Unternehmen aus. Und Jürgen Klopp sehen wir doch auch häufig nach Spielschluss Arm in Arm mit seinen Spielern sprechen und positiv auf sie einwirken. Zumindest nehmen wir das so wahr.

Doch genau hier beginnt die Differenzierung zwischen Bestärken, Einwirken, Lob und vielen weiteren Formen der »Zuneigung« zu meinen Mitmenschen. Denn Lob ist nicht gleich Lob und Feedback ist nicht gleich Feedback. Das klassische Lob, bei welchem ich als Führungskraft Anerkennung für ein bestimmtes Verhalten oder Ergebnis meiner Mitarbeiterin zeige, birgt so einige Gefahren, über die es sich lohnt, im Detail etwas nachzudenken. Wir sind daher sicher: Klopp lobt nicht nur einfach. Er tut etwas anderes.

Wir sollten bedenken, dass Lob häufig aus einer Konstellation des Über- und Unterordnungsverhältnisses entsteht und auch so bei der Empfängerin verstanden wird. Es manifestiert damit, womöglich völlig ungewollt, die formale Hierarchie zwischen der Lobenden gegenüber der Gelobten. Was wir in der Sache gut meinen, ist letztendlich Ausdruck eines Ich-weiß-es-besser. In streng formalen Strukturen ist Lob damit immer Ausdruck einer Leistungsbewertung. Für selbstständig denkende und agierende Mitarbeiterinnen kann Lob, trotz der gut gemeinten Absicht, jedoch eine ganz andere Wirkung haben, nämlich eine eher beobachtende und kontrollierende. So wie wir Kleinkinder für ihre ersten Schritte oder Fahrradmeter loben. Was bei Kleinkindern unterstützend und motivierend wirkt, weil eine bestimmte Entwicklung anerkannt und bewusst gemacht wird, kann bei erwachsenen Mitarbeiterinnen eine infantilisierende, herabsetzende Wirkung auslösen.

Sicherlich gibt es Konstellationen der menschlichen Zusammenarbeit, in denen das regelmäßige, gegenseitige Loben elementarer Bestandteil der Arbeitskultur ist. Und das ist auch völlig in Ordnung. Trotzdem ist es uns Autoren ein Anliegen, Lob auch von seiner kritischen Seite zu betrachten. Gerade weil uns viel an selbstbestimmter und kollegialer Zusammenarbeit liegt, empfehlen wir, weniger in Über-Unterordnungen zu denken und stattdessen zu schauen, wo und wie wir unsere Mit-Arbeiterinnen (hier bewusst so geschrieben) in Situationen der gemeinsamen Leistungsentwicklung bringen. Dies können innovative Workshops zur Produktentwicklung, aber auch neuartige Analysetools zur Bewertung vergangener Projekte sein.

Wir halten fest

!

Zustimmung und Unterstützung sind hilfreichere Formen als das Lob, wie wir es seit jeher kennen und, womöglich unreflektiert, anwenden.

Des Weiteren ist Lob lediglich eine interne Beurteilung, die zu Problemen führen kann, wenn diese interne Einschätzung nicht mit den äußeren Ergebnissen übereinstimmt. Ein fiktives Beispiel dazu: Nach Lektüre der neusten Gallup-Studie und eines Coaching-Buches nimmt sich die motivierte Basketballtrainerin vor, ihre Spielerinnen fortan mehr zu loben. Motiviert und engagiert beobachtet sie das Geschehen und kommentiert regelmäßig jede gelungene Aktion der Protagonistinnen im Training bewusst positiv und voller Eifer: »Super gemacht! Weiter so! Ein toller Wurf!« Was aber passiert mit diesen Worten, wenn am darauffolgenden Wochenende die fünfte Niederlage der Mannschaft in Folge zu verzeichnen ist? Intern haben die Spielerinnen die Botschaft erhalten, dass ihre Aktionen gut und gelungen waren. Das Ergebnis am Wochenende spiegelt jedoch ein völlig anderes Bild wider. Offensichtlich war die Leistung doch nicht zufriedenstellend, denn sonst hätte man nicht erneut verloren. Diese Diskrepanz zwischen interner Beurteilung und äußeren Ergebnissen kann das Lob als gut gemeintes Instrument leider völlig entwerten.

Last, but not least birgt das Lob eine Gefahr der Abhängigkeit in sich. Ähnlich wie bei der süßen Schokolade zum Nachtisch, an welche man sich so wunderbar leicht gewöhnen kann und sich wundert, wenn die Packung leer ist, kann sich auch das Lob als irgendwann völlig selbstverständlich etablieren. Bei zu häufiger Anwendung verliert Lob, wie Geld in der Inflation, schlicht seinen Wert. Sich an Lob zu gewöhnen ist daher sogar gefährlich und kann großen Frust nach sich ziehen, sollte es plötzlich nicht mehr erfolgen. Wir sollten daher mit dem Lob als solches sehr vorsichtig umgehen und es sehr dosiert einsetzen.

Doch wie kann eine solche Dosis aussehen? Die Antwort lautet vereinfacht: Bitte sprich kein Lob für ein konkretes Ergebnis aus. Stattdessen sollten wir positive Entwicklungen bestärken und samt unseren Gefühlen beschreiben, was wir in der konkreten Situation als positiv wahrgenommen haben. Dies zeigt der Mitarbeiterin, dass wir emotional in der Situation verankert sind und ein aufrichtiges Interesse an ihrem Lernerfolg haben.

Anstatt also die Basketballspielerin für jeden erzielten Korberfolg zu loben, ist es wichtiger, positiv herauszustellen, wenn sie ihr Verhalten mannschaftsdienlich weiterentwickelt. Die Formulierung könnte also lauten: »Deine Übernahme von Verantwortung in der hektischen Schlussphase war sehr wichtig für die Mannschaft und mitentscheidend für unseren Erfolg.« Würden wir andersherum nach dem zehnten Korberfolg plötzlich nicht mehr loben, fragt sich die Spielerin sogar, was sie denn falsch gemacht hat.

Die Gefahr der persönlichen Abhängigkeit von Lob führt zu einer gefährlichen, unbewussten Unterdrückung der Selbständigkeit. Und das ist sicherlich das letzte, was wir mit dem Lob erreichen wollen. Stattdessen geht es darum, erlebte und beobachtete Situationen zu nutzen, um Menschen in ihrem Verhalten wahrzunehmen. Das kann positive wie negative Erlebnisse betreffen. Letztlich führt dieses Verhalten zu einem echten Vertrauensverhältnis zwischen den Beteiligten, da nicht der Ausgang der Situation über die Anerkennung der Führungskraft entscheidet, sondern allein die Weiterentwicklung der Informationsempfängerin als Anhaltspunkt für die Bestärkung herangezogen wird.

4.4 Kontexte bestimmen die Qualität von Gesprächen

Wir kennen es doch alle. Verschiedene Teilnehmerinnen berichten völlig unterschiedlich über das Meeting der letzten Woche. Während die einen das Meeting als produktiv, sinnhaft und motivierend wahrgenommen haben, ärgerten sich die anderen über unnütz verbrachte Zeit. Dieses allseits bekannte Phänomen hat zwei Ursachen. Zum einen sind unsere Erwartungen an bestimmte Momente und Situationen individuell und damit unterschiedlich. Zum anderen nimmt jeder Mensch dieselbe Situation nicht gleichermaßen wahr, wie wir bereits von Paul Watzlawick und seinen Kommunikationstheorien gelernt haben. Wir sehen die Welt schlichtweg mit verschiedenen Augen und jeder von uns verarbeitet und bewertet Informationen anders. Beides können wir nicht ändern, gleichwohl müssen wir versuchen, den größtmöglichen Nenner an Übereinstimmung zwischen den Beteiligten herauszuholen.

Gerade in der Konstellation Führungskraft und Mitarbeiterin sowie in den regelmäßig stattfinden Gesprächen zwischen der Trainerin und ihren Spielerinnen muss uns bewusst sein, dass unsere Gesprächspartner eine hohe Erwartung an Ablauf und Inhalt dieser Gespräche haben. Jegliche Gespräche *vom Ich zum Du* unterliegen einer nachträglichen Bewertung, welche leistungsfördernd oder -hemmend sein kann. Dies allein bringt aus Sicht der Führungskraft die Verpflichtung mit sich, wichtige Gespräche professionell und wertschätzend vorzubereiten. Dies wiederum im Wissen, dass ein hoher Prozentsatz der übermittelten Informationen schlichtweg nicht so ankommt, wie ich es mir als Absenderin vorstelle.

4.5 Kommunikation entsteht bei der Empfängerin

Auch wenn wir wissen, dass bei jeder Kommunikation viele Informationen auf der Strecke bleiben, ist es trotzdem unsere Aufgabe, bei der Empfängerin für ein hohes Maß an Verständnis unserer Botschaften zu sorgen. Ob die Empfängerin unsere Informationen verstehen wird, können wir zum Zeitpunkt unserer Ansprache oder E-Mail nicht wirklich wissen, trotz womöglich bestmöglicher individueller Vorbereitung bezüglich der Adressatin. Sich im Nachhinein aber darüber zu vergewissern, ob und was verstanden wurde, ist ein extrem wichtiger Aspekt der Kommunikation. Ebenso haben wir diesbezüglich von Watzlawick gelernt: »Ich weiß nicht, was ich gesagt habe, bevor ich die Antwort meines Gegenübers nicht gehört habe.« Aber wir möchten nicht desillusionieren. Es gibt hilfreiche Faustformeln, um von meiner Gesprächspartnerin bestmöglich und wertschätzend verstanden zu werden.

- Wichtige Gespräche mit bedeutendem Inhalt finden in einem gut vorbereiteten, professionellen Setup statt. Heißt: Ich nehme mir im Vorfeld Zeit, um das Gespräch vorzubereiten und zu strukturieren. Ich sorge außerdem für ein möglichst angenehmes Gesprächsumfeld, wodurch ich meiner Gesprächspartnerin Wertschätzung zeige.
- Im Gespräch bin ich voll und ganz auf mein Gegenüber fokussiert und versuche bereits im Vorfeld, jede Störung von außen zu vermeiden.
- Ein gutes Gespräch dauert so lange, wie es dauern muss. Heißt: Ich nehme mir ausreichend Zeit.

Es gilt: Inhalt sowie Art und Weise eines Gesprächs oder Meetings wirken gleichermaßen auf meine Gesprächspartnerin ein. Umfang, Umgebung und Ablauf sollten sich dabei am jeweiligen Inhalt orientieren. Im Sportkontext finden beispielsweise Nominierungsgespräche für große Turniere in dezidiert präparierten, gut organisierten Besprechungsräumen statt. Jeder Schritt und jeder Handgriff sind exakt geplant. Denn eine Nominierung, beispielsweise für die Olympischen Spiele, ist für die Spielerinnen eine lebensverändernde und damit enorm wichtige Situation in ihrer Karriere. Dementsprechend professionell und wertschätzend sollte die Trainerin dem begegnen. Gleichwohl kann und muss es auch lockere Trainerin-Spielerinnen-Gespräche geben, beispielsweise auf dem Weg vom Spielfeld zum Parkplatz. Stefan selbst, einer der Autoren, hat diese Gespräche in seiner aktiven Trainerlaufbahn als sogenannte Parkplatzgespräche deklariert: kurze, locker geführte Dialoge, in welchen Trainerin und Spielerin in entspannter Atmosphäre über das eine oder andere private oder berufliche Thema sprechen. Dabei geht es eher um leichtere Themen als um Nominierungen oder langfristige Perspektiven. Doch gerade auch dieser auf persönlicher Ebene stattfindende Small Talk trägt maßgeblich zu einer insgesamt gelungenen Kommunikation bei.

4.6 Psychologische Sicherheit

In einer über zwei Jahre angelegten und weltweit durchgeführten Studie des Internetkonzerns Google versuchte dieser zu ergründen, ob es in seinen Teams wiederkehrende Parameter gibt, die zur Erklärung erkennbar leistungsstärkerer Teams beitragen. Google wollte herausfinden, ob es eine bestimmte Kombination aus Fach- und Sozialkompetenz gibt, nach welcher erfolgreiche Teams quasi reproduzierbar wären, würde man nur die richtige Anzahl an Menschen mit einer bestimmten Qualifikation zusammenbringen. Das Ergebnis enttäuschte und überraschte gleichermaßen. Im Ergebnis war es weniger entscheidend, aus welchen Personen genau sich ein Team zusammensetzte. Viel wichtiger war, wie die Teammitglieder interagierten, ihre Rolle wahrnahmen und ihre Arbeit strukturierten. Der zentrale Schlüsselfaktor war dabei laut Studie die psychologische Sicherheit, also die wahrgenommene Sicherheit der Mitarbeiterinnen in ihrem Team, bestimmte Risiken eingehen zu dürfen, ohne negative Konsequenzen fürchten zu müssen. Der persönliche Freiraum, Fehler zu machen und gerade auch dadurch Innovation voranzutreiben, ist offensichtlich ein entscheidender Indikator für High Performance Teams. Ohne die latente Befürchtung, für mein auch risikoreiches Handeln sanktioniert zu werden, bin ich in der Lage, freier, mutiger, innovativer und damit qualitativ hochwertiger zum Erfolg der Organisation beizutragen. Der Blick auf den Leistungssport kann diese Annahme nur bestätigen. Eine Spielmacherin im Handball, Fußball oder Basketball wird unter Gegnerinnendruck nur dann kreative und qualitativ hochwertige Entscheidungen treffen, wenn sie nicht nach jedem Ballverlust oder einer falschen Entscheidung Kritik oder gar die Auswechslung durch die Trainerin zu befürchten hat. Ihr aufgrund ihrer Position und Rolle einen Freiraum auch für mutige Entscheidungen zu geben, bedeutet gleichzeitig, eine Fehlerkultur in die strategische Ausrichtung des Spiels zu integrieren. Getreu dem Motto »Nur wer gute Risiken eingeht, wird am Ende auch erfolgreich sein«, bedeutet es, dass Innovation ohne eine gesunde Einstellung zum Scheitern ein Widerspruch in sich ist. Wir kommen in Kapitel 6 noch einmal auf die Google-Studie und die Notwendigkeit der inneren Sicherheit bei Teams zu sprechen.

4.7 Trennung von Sach- und Beziehungsebene

Es ist immer wieder erstaunlich und interessant zu beobachten, wie viele gut gemeinte Gespräche einen negativen Verlauf nehmen, weil Sach- und Beziehungsebene nicht getrennt werden. Das Eisberg-Modell, das sich auf die allgemeine Persönlichkeitstheorie von Sigmund Freud stützt, besagt, dass in der Kommunikation, wie bei einem Eisberg, lediglich ein kleiner Teil sichtbar ist, nämlich die Sachebene. Der tieferliegende Anteil rund um die Beziehungsebene ist nicht sichtbar und bedarf daher besonderer Aufmerksamkeit.

Als Sachebene verstehen wir allein den zugrunde liegenden Sachverhalt. Die Sachebene kann konkrete Ergebnisse, Probleme oder Fragen aufwerfen. Wer sich mit ihr beschäftigt, blickt nüchtern auf den gegebenen Kontext, ohne menschliche Einwirkungen darauf einzubeziehen oder zu beurteilen. Die Beziehungsebene hingegen beschreibt das Verhältnis der handelnden Personen untereinander. Wie lange kennen sich die Personen? Und ist das Verhältnis von einer bestimmten formalen Hierarchie geprägt? Diese und andere Fragen setzen den Blick lediglich auf die Beziehung der im jeweiligen Kontext agierenden Personen. Problematisch ist, dass sich Unstimmigkeiten auf der Beziehungsebene fast immer auf die Sachebene durchschlagen. Eine exakte Beschreibung von Rollen und Verantwortungen in einem Team, wie in Kapitel 3 aufgezeigt, reduziert daher die Gefahr gestörter Beziehungsebenen.

Das Führungsbild Hard Love zeigt, trotz zunächst sich widersprechender Begriffe, genau in dieser Kombination erstaunliche Wirksamkeit und Resonanz beim Gegenüber. Nur wenn es mir als Führungskraft oder Trainerin gelingt, Informationen primär auf der Sachebene zu übermitteln, ohne das Beziehungsverhältnis zu meiner Gesprächspartnerin in Frage zu stellen, erhöht sich die Chance auf Wirkung meiner Worte und Resonanz in Form eines bestimmten Verhaltens. Eine intakte Beziehungsebene ist daher die Grundlage für jedes Miteinander zwischen Führungskraft und Mitarbeiterin.

Gleichermaßen bedarf es des Trainings im Zuhören bei der Empfängerin, Informationen möglichst dort zu verorten, auf welcher Ebene sie angesprochen werden. Wenn du formulierst »Ich habe deine Leistung heute im Vergleich zu anderen Tagen als schwächer wahrgenommen«, stellt das die grundsätzlichen Qualitäten des Menschen oder das Verhältnis zwischen Senderin und Empfängerin nicht in Frage. Zumindest ist das nicht deine Intention. Trotzdem kann allein diese Aussage zu einer Störung der Beziehung führen, weil dein Gegenüber diese Aussage nicht als neutral im Sinne der Sache wahrnimmt, sondern als persönlich und damit verletzend oder gar missachtend.

!

Wir halten fest

Regelmäßiges Erinnern an die bewusste Trennung der Sach- und der Beziehungsebene kann bereits ein erster Schritt hin zu besserer Kommunikation sein.

Wir kennen Situationen, auch aus eigener Erfahrung, in denen trotz des Versuchs, die Sach- und Beziehungsebene zu trennen, schlichtweg heftige Emotionen aufkommen. Das gut gemeinte Gesprächskonstrukt wird also zügig wieder eingerissen. Wie lässt sich nun die Wahrscheinlichkeit erhöhen, dass sowohl Senderin als auch Empfängerin bewusst und klar eine Trennung der beiden Ebenen vornehmen?

Aus eigener Erfahrung sei gesagt: Ihre Einhaltung zu betonen wirkt eher hilflos und rechtfertigend. Wahres Verständnis beim Gegenüber entsteht durch aufrichtiges und souveränes Verhalten, das von Herzen kommt.

Bestenfalls hat dieses Verhalten bereits lange Zeit vor einem solchen Gespräch begonnen, was die Chance erhöht, dass man so gehört und verstanden wird, wie es beabsichtigt war.

All das zahlt stark auf unsere Überzeugung ein, dass Hard Love der richtige Führungskräfteweg ist. Fußballer, die »unter« Jürgen Klopp gespielt haben, berichten immer wieder, der Trainer sei ihnen menschlich sehr nah gewesen und sie hätten die Energie gespürt, für ihn sogar durchs Feuer zu gehen. Was nach unserer Überzeugung im Übrigen die höchste Wertschätzung für einen Trainer darstellt! Gleichzeitig haben erfolgreiche Trainer wie Klopp oder Phil Jackson, auf den wir in der Michael Jordan Story (siehe Kap. 4.9) zu sprechen kommen, klare Ziele und Erwartungen, welche den Fernsehkameras dieser Welt zum Glück verborgen bleiben. Erst Jahre später lesen wir in Biografien über den Apple Gründer Steve Jobs, den Politiker Helmut Schmidt oder Trainergrößen der Sportwelt, wie ihr ganz persönliches Hard-Love-Modell aussah. Denn auch, wenn wir Persönlichkeiten wie diese als Vorbilder oder ähnliches ansehen, dürfen es lediglich Inspirationen bleiben, die wir aus Interviews, Büchern oder Reportagen herausziehen. Genauso, wie wir keine erfolgreiche Quizsendung anstelle von Günter Jauch moderieren sollten, wird sich dieser trotz wahrgenommener Multikompetenzen nicht ohne Weiteres als erfolgreicher Cheftrainer vor eine Basketballtruppe stellen. Seine eigenen Stärken, Interessen und Wirkungen auf Menschen zu erkennen bleibt daher eine zum Glück höchst individuelle Herausforderung im Leben. Erst, wenn es Jauch wirklich zum Bundespräsidenten schafft, sollten wir diese These erneut überdenken.

4.8 Wie passt das Ich zum Wir?

Auf den vorliegenden Seiten haben wir ausführlich Position dafür bezogen, der einzelnen Mitarbeiterin viel Zeit und Hingabe zu widmen. Nur eine klare Kommunikation von Erwartungen, die Kontrolle ihrer Einhaltung sowie eine positiv geprägte, zwischenmenschliche Beziehung führt zu einer robusten Beziehung zwischen Führungskraft und Mitarbeiterin. Doch wie passt das *Du* in seiner individuellen Rolle nun in die Teamstruktur? Das zu beantworten und umzusetzen ist eine der anspruchsvollsten Aufgaben in Führungskontexten.

Wir alle kennen Personen, die aufgrund ihrer Charakterprägung sowie ihrer Extrovertiertheit gewollt oder ungewollt dazu neigen, Sonderrollen zu beanspruchen und Einzelpositionen einzunehmen. Gerne bezeichnen wir diese als Einzelgänger, Egoisten oder Wichtigtuer. Häufig sind es in der Tat Menschen mit einem starken Ego und/oder einem Leistungsniveau, welches deutlich über dem der übrigen Teammitglieder liegt. Rein kognitiv ist diesen Menschen durchaus bewusst, Teil eines Teams zu sein und nur durch eine gemeinschaftliche Leistung die gesetzten Ziele auch zu erreichen. Gleichwohl treten immer wieder Situationen auf, geprägt durch emotionale Umstände oder bestimmte Verhaltensweisen, in denen durch ichzentriertes Verhalten Grenzen überschritten werden und die Gruppe als Ganzes darunter leidet.

!

Wir halten fest

Es ist unsere Aufgabe, jede Art von Charakter und Leistung in die Gemeinschaft zu integrieren, sei das Gefälle noch so groß und seien die Menschen noch so verschieden.

4.9 Die Michael Jordan Story

Steigen wir mit einer kurzen Geschichte ein, welche sich vor über 30 Jahren in der nordamerikanischen Basketball-Profiliga NBA abspielte. Die Chicago Bulls um ihren Starspieler Michael Jordan verloren zwei Conference Finals in Folge, bevor der damalige Co-Trainer Phil Jackson zum neuen Headcoach benannt wurde. Jordan war damals bereits der alles überragende Spieler. Man muss sich vorstellen: Nahezu jeder Angriff der Bulls lief über ihn beziehungsweise wurde von ihm mit einem Wurf beendet. Zugleich konnte sich jede Abwehrformation des Gegners auf die Spielidee der Bulls einstellen und kümmerte sich daher besonders intensiv um den Topscorer Jordan. Das ging so weit, dass Jordan teilweise von zwei oder drei Spielern gedeckt und verteidigt wurde. Dass andere Spieler der Bulls durch dieses Verteidigungsverhalten freistanden und ebenso auf den Korb hätten werfen können, nutzten die Bulls häufig nicht zu ihrem Vorteil. Der Ball ging immer wieder zu Jordan anstatt zu einem womöglich besser positionierten Mitspieler.

Mit dem Amtsantritt Jacksons sollte sich ein entscheidender Strategiewechsel vollziehen. Hierfür bat er Jordan zum Einzelgespräch, um ihn von der notwendigen Veränderung des Angriffsspiels zu überzeugen. Grob zusammengefasst lautete das neue Konzept: Ab sofort sollte nicht mehr Jordan jeden Angriff der Bulls abschließen. Vielmehr sollte der Ball durch ein spezielles Passspiel so lange rotieren, bis ein (optimal) freistehender Spieler zum Wurf ansetzen konnte. Wie mag es nun der neuen Führungskraft Jackson gelungen sein, seinen wichtigsten Mitarbeiter Jordan von dieser neuen Strategie zu überzeugen, in der dieser womöglich weniger Würfe erhalten und damit weniger Punkte machen würde?

In einem seiner sehr lesenswerten Bücher berichtet Jackson von einem erwartungsgemäß schwierigen Gespräch mit Jordan, bei welchem dieser zügig Gründe gegen das geplante Vorgehen ins Feld führte. Jackson wiederum war auf das Gespräch so gut vorbereitet, dass er anhand von Daten zahlreiche Argumente Jordans widerlegen konnte. Es gelang ihm schließlich, Jordan mit konkreten Beispielen, Szenarien und emotionalen Bildern von seiner Idee zu überzeugen. Dabei hatte Jackson einen wichtigen Aspekt berücksichtigt: Eine solch weitreichende, taktische Veränderung musste er im Vorfeld mit seinem Protagonisten besprechen, bevor diese Idee Einzug in die Trainingshalle fand. Aufbauend auf vielen Zwischenschritten entwickelten die

Bulls mit der sogenannten »Triangel offense« ein neuartiges Angriffsspiel und sollten die kommenden Jahre sechs von acht Meistertiteln gewinnen. Jordan war weiterhin Dreh- und Angelpunkt seiner Mannschaft, doch auch Spieler wie Pippen, Rodman oder Kukoč erlangten an der Seite ihres Stars weltweite Bekanntheit.

Ohne klare Argumentation und zugleich empathisches Einbeziehen seines Starspielers Jordan wäre es Jackson nicht gelungen, als neuer Trainer eine lange gewachsene Spielphilosophie zu verändern. Jordan konnte die Idee »dahinter« verstehen, somit akzeptieren und zugleich seine überragenden Stärken weiterhin ausspielen.

Diese Trainer-Spielerkonstellation war sicherlich eine extreme, bezogen auf das High Performance Level, auf der sie stattfand. Dennoch ist sie gut geeignet, um die Thematik Ego versus Team gut zu beleuchten. Jackson hätte einen Fehler gemacht, Jordan sämtliche Kompetenzen zu streichen und ihn zu einem unter vielen zu machen. (Und Jordan hätte das sicher auch nicht mitgemacht.) Der beste Spieler einer Mannschaft muss zum richtigen Zeitpunkt öfter an den Ball kommen als andere, um seine Stärken auszuspielen zu können. Aktuell sehen wir das bei dem überragenden Fußballer des FC Barcelona, Lionel Messi. Hier darf unterstellt werden, dass die Übergabe besonderer Verantwortung an ihn auf ein mannschaftlich orientiertes Sozialverhalten abzielt. Mit zahlreichen Meister- und Champions-League-Titeln in den letzten Jahren kann auch dieses Unterfangen als äußerst erfolgreich bezeichnet werden.

Egoismen, ob gewollt oder ungewollt, lauern in verschieden starker Ausprägung bei vielen unserer Mitarbeiterinnen. Es ist unsere Aufgabe als Führungskraft, dieses Verhalten in einer gesunden, dem Team nicht schädlichen Balance zu halten sowie auf Missverhältnisse umgehend und klar zu reagieren.

4.10 Deine Merker für die Praxis

Wie du das Ich ins Wir führst

- Analysiere genau, inwieweit ein Teammitglied zu viel Raum im Team einnimmt und prüfe, ob es das, was es mit seinem Verhalten an Energie kostet, auf der Haben-, sprich Erfolgsseite, auch wieder einspielt.
- Suche das persönliche Gespräch, um Wahrnehmungen abzugleichen und Lösungsstrategien zu erarbeiten. Diese sollten klare Ziele für die Beteiligten und Konsequenzen bei Nichteinhaltung beinhalten.
- Gib starken Ego-Charakteren klare Aufgaben, in denen sie Verantwortung für die Teamgemeinschaft übernehmen.
- Vermittle, dass besonders leistungsstarke Persönlichkeiten immer auch eine Vorbildfunktion für den Rest des Teams, vor allem jüngere Mitarbeiterinnen, haben.
- Erlaube stark ausgeprägten Individualcharakteren, die überragend viel leisten, gewisse Freiräume im Teamgefüge. Aber auch nur dann… Hier ist dein Fingerspitzengefühl gefragt. Die oben genannte Kosten-Nutzen-Prüfung kann hierbei hilfreich sein.
- Grundsätzlich gilt: Niemand steht über dem Team. Alle Mitarbeiterinnen haben einen gleich wichtigen Anteil für das Team, da gerade die Rollenvielfalt erst die besondere Stärke des Kollektivs ausmacht.
- Arbeite immer wieder mit Bildern und Metaphern für gelungene Teamarbeit. Das Ansprechen verschiedener Sinne erhöht die Chance, Ideen nachhaltig zu verinnerlichen.

Auszeit: Experteninterview mit Silvia Neid

Neben unseren eigenen Erfahrungen und Einblicken in die Arbeit vieler männlicher Kollegen war es uns ebenso wichtig, Überzeugungen und Prinzipien einer weiblichen Führungsexpertin einzuholen. Silvia Neid zählt zweifelsohne zu den erfolgreichsten Trainerinnen im deutschen wie weltweiten Frauenfußball. Auf eine langjährige Spielerkarriere folgte 1997 der Positionswechsel an die Seitenlinie, wo gleichermaßen Europa- und Weltmeistertitel das Ergebnis ihrer Arbeit waren. Mit dem Gewinn der Olympischen Goldmedaille 2016 in Rio de Janeiro beendete Silvia Neid ihre glanzvolle Karriere. Sie stand und steht für einen klaren Umgang mit ihren Spielerinnen – im Wissen, dass die Mannschaft selbst immer das höchste Gut des Miteinanders ist. Weitere Eindrücke zum Wechselspiel zwischen Disziplin und Freiraum und weshalb der Erfolg sofort der Start für etwas Neues ist, liest du im folgenden Interview, für welches wir Silvia Neid noch einmal ganz herzlich danken!

Liebe Frau Neid, Sie prägten eine sehr erfolgreiche und lange Zeit als Bundestrainerin der deutschen Fußballdamen. Wie hat sich über die Jahre Ihr persönlicher Blick auf Führung entwickelt und was waren dabei mögliche Inspirationen, auch sich selbst stets weiter zu entwickeln?

Silvia Neid: Führung umfasst mehr, als die Verantwortung zu tragen oder ergebnisorientiert zu arbeiten. Es geht vor allem um den Umgang mit den Menschen. Eine Voraussetzung für gutes Führen ist die Entwicklung der eigenen Persönlichkeit. Das ist ein Prozess, in dem man bestenfalls die Stärken stärkt und die noch fehlenden Führungsqualitäten ausbildet. Für mich bedeutet Führung Ehrlichkeit und authentisch sein, die individuellen Bedürfnisse eines jeden erkennen und stärken. Ein Team kann sich aus meiner Sicht am besten entwickeln, wenn es Freiräume für Kreativität hat und man Eigeninitiative zulässt. Das kam im Laufe der Zeit, mit allen Erfahrungen, die ich sammeln konnte, immer mehr zum Tragen. Man muss Vertrauen schaffen, Freude, Spaß und Begeisterung vermitteln, natürlich auch sachliche Kritik üben und vor allem den Menschen zuhören. Das alles hat letztendlich sehr viel mit Wertschätzung zu tun.

Ihnen wurde in der öffentlichen Wahrnehmung ein eher hart durchgreifender Führungsstil nachgesagt. Können Sie uns Ihre Leitgedanken der Teamführung und die dahinterstehende Überzeugung näher erläutern?

Um eine Mannschaft zu führen, muss man zunächst Regeln aufstellen. Wenn man mit 40 Menschen zusammenarbeitet, ist es klar, dass es Regeln geben muss. Es ist wichtig, sie dann auch zu befolgen, um glaubwürdig zu sein. In einem so großen Team braucht es sehr viel Disziplin, nicht nur auf dem Feld, sondern auch daneben und dort vor allem von der Chefin oder dem Chef. Es kann nicht jeder machen, was er möchte, dafür ist man schließlich ein Team. Wenn eine Spielerin zehn Minuten vor Trainingsbeginn und die andere zehn Minuten nach Trainingsbeginn auf dem Platz steht, funktioniert es nicht.

In einer Sportmannschaft rücken regelmäßig junge Talente ins Team und »attackieren« damit gestandene, zuvor im Team etablierte Mannschaftsmitglieder? Wie haben Sie diese Prozesse wahrgenommen und wie haben Sie diese moderiert?

Ich habe diese Prozesse forciert. Wir haben versucht, junge Spielerinnen möglichst früh zu uns zu holen. Dadurch konnten sie viel von den Erfahrenen lernen, sich an das Tempo gewöhnen und verbessern. Erfahrung und jugendlicher Leichtsinn in einem Team vereint sind für mich ein Teil des Schlüssels zum Erfolg. Die Mischung macht's.

Haben Sie starke Unterschiede in den Werten und Motivationen der verschiedenen Generationen wahrgenommen, und wenn ja, wie sind Sie damit umgegangen?

Alle Spielerinnen in den verschiedenen Generationen waren immer topmotiviert und wissbegierig, wenn sie bei uns waren. Von daher habe ich in diesem Punkt keine Unterschiede wahrgenommen.

Auch im Sport läuft ja nie alles glatt. Hatten Sie bestimmte Strategien, um nach Niederlagen schnell wieder Zuversicht zu streuen und zurück auf die Erfolgsspur zu gelangen?

Wir haben jedes Turnier im Nachgang sehr detailliert analysiert, unabhängig von der Platzierung. Die Ergebnisse haben wir mit der Mannschaft besprochen und umgekehrt Feedback von den Spielerinnen eingeholt, wie sie das Turnier erlebt haben. Das war uns immer wichtig, um Erkenntnisse darüber zu gewinnen, was wir in der Zukunft verbessern sollten oder verändern mussten, um dann beim nächsten Turnier wieder um den Titel mitspielen zu können. Am schwersten ist es übrigens, nach einem Titelgewinn eine Analyse zu betreiben. Im Grunde sagt man »Es war alles gut«, aber genau das ist die Krux an der Sache. Auch wenn man gewonnen hat, muss man haarscharf analysieren und auf neue Entwicklungen und Trends im Fußball achten. Man muss sich immer fragen, was müssen wir noch verbessern, wo müssen wir in unserem Spiel noch kreativer werden, um die gegnerische Defensive zu überwinden. Nur wenn man das stets im Blick hat, kann man schnell Lösungen anbieten.

Das Thema Ziele ist nach unserer Überzeugung ein sehr wichtiges auf dem Weg zum Topteam. Wie sahen, grob beschrieben, die Zielfindungsprozesse in Ihren Teams aus? Gaben Sie die WM-Titel etc. als Ziel aus oder inwieweit waren die Spielerinnen daran beteiligt?

Wir haben immer auf ein Turnier hingearbeitet, geschaut, was sind unsere Stärken, was unsere Schwächen. In der Vorbereitung haben wir versucht, die Stärken zu stärken und die Schwächen zu verbessern. Es ging darum, an Tag X auf den Punkt unsere Bestform abrufen zu können. Auf diesem Weg haben wir uns immer wieder Etappenziele gesetzt, um letztendlich zum großen Ziel, dem Titel, zu gelangen. Daneben haben wir die Spielerinnen aufgefordert, sich selbst in Verbindung mit dem Trainerteam eigene Ziele zu setzen. Nur wenn jeder an sich selbst arbeitet, kann man es als Team schaffen.

Die Anzahl Ihrer Trainererfolge mit einer Welt- und zwei Europameisterschaften ist lang und endete emotional mit der Olympischen Goldmedaille in Rio 2016. Wie schafften Sie es, die Mannschaft über elf Jahre immer wieder neu auszurichten und Motivation freizusetzen?

Wichtig ist, dass alle immer hungrig bleiben. Es gibt doch nichts Schöneres, als am Ende eines Turnieres für die harte, oft monatelange Arbeit in der Vorbereitung belohnt zu werden. Man darf nie zufrieden sein, nie die Beine hochlegen und sagen »Wir sind die Besten«. Im Team hinter dem Team haben wir stets an der nächsten Verbesserung und Weiterentwicklung gefeilt, denn Stagnation ist Rückschritt. Von den anderen Nationen gejagt zu werden, hat uns beflügelt. Gegen uns war jeder Gegner immer noch ein bisschen motivierter als sonst und ist deshalb nicht selten über sich hinausgewachsen. Das war aus meiner Sicht wiederum eine große Motivation für uns, sich nicht auf dem bisher Erreichten auszuruhen. Wir wollten den anderen immer einen Schritt voraus sein.

Hier zudem noch die drei Vergleichsfragen, die wir allen Experten stellen.

Wenn Sie es so kompakt wie möglich beschreiben müssten, was macht für Sie ein High Performance Team aus?

Man braucht starke Teamplayer respektive Führungsspielerinnen, die das Wort ergreifen, aber auch bereit sind, zuzuhören und respektvoll miteinander umzugehen. Die Herausforderung ist es, unterschiedliche Charaktere mit all ihren Stärken und Unterschiedlichkeiten zusammenzubringen. Jede muss wissen, was ihre persönliche Aufgabe ist und dass man die große, gemeinsame Aufgabe nur lösen kann, wenn jede ihren Teil dazu beiträgt.

Welches war die beeindruckendste Teamleistung, die Sie, entweder in der verantwortlichen Führung oder als umsetzendes Teammitglied, miterleben durften?

Ganz klar der EM-Titel 2013 in Schweden. Das Turnier mit einem so jungen, unerfahrenen Team zu gewinnen und dabei im Halbfinale den Gastgeber zu schlagen, der das ganze Stadion hinter sich hatte, war unfassbar. Das hatte sehr viel mit dem respektvollen Umgang untereinander zu tun. Jeder hat Verantwortung übernommen, alle haben an einem Strang gezogen, egal ob jung oder erfahren. Da sind wir als Einheit zusammengewachsen. Es war schön zu beobachten, wie sich das entwickelt hat. Der Turnierstart war holprig, was bei der Vielzahl an jungen Spielerinnen damals fast logisch war. Aber jede Spielerin hat alles für ihre Nebenfrau gegeben, der Zusammenhalt war wahnsinnig. Aufgrund dieses Gefühls wurden wir im Turnier immer selbstbewusster und sind teilweise über uns hinausgewachsen.

Warum lohnt es sich für Menschen, auch zukünftig in Führung und Verantwortung für Teams zu gehen?

Zum einen ist es eine spannende Herausforderung, zum anderen ist es toll, Wertschätzung zu erfahren. Je mehr man gibt, desto mehr bekommt man zurück. Am Ende bleibt ein tiefes Vertrauen. Das ist ein schönes Gefühl und deshalb lohnt es sich.

5 Streitkultur: Sicherheit und Konflikt

Was im ersten Impuls wie ein gegenpoliges Wortpaar klingt, steht nach unserer Beobachtung und Erfahrung unumgänglich in einem direkten Zusammenhang. Noch konkreter ausgedrückt sind Sicherheit und Konflikt zwei Seiten derselben Medaille. Sie bedingen sich gegenseitig, liegen eng beieinander und die eine (Sicherheit) kann nicht ohne die andere (Konflikt).

Das bereits erwähnte Project Aristotle von Google deckte auf, dass das Empfinden persönlicher Sicherheit die wichtigste Voraussetzung für den bestmöglichen, persönlichen Beitrag zum Teamerfolg ist. Die wichtige Frage lautet daher: Wie gelingt es Führungskräften, bei Mitarbeiterinnen jenes Gefühl der Sicherheit hervorzurufen? Wir konnten über Jahre beobachten, dass es einen übermäßig großen Blumenstrauß an verschiedenen Fertigkeiten und Verhaltensweisen gar nicht braucht. Gerade, weil es sich nicht um einen umfangreichen »zig-Punkte-Plan zum Aufbau gegenseitigen Vertrauens für mehr Teamerfolg« handelt, lohnt es sich, einen Blick auf die vier elementaren, Sicherheit auslösenden Verhaltensweisen von Führungskräften zu werfen.

5.1 Aufrichtigkeit

Auf unserer persönlichen Poleposition steht die Aufrichtigkeit. Doch was genau ist Aufrichtigkeit? Ein Wert? Ein Charakterzug? Ein Verhalten? Die Einordnung ist letztlich nicht von Bedeutung, da wir bereits verstanden haben, dass es für die Qualität der Kommunikation allein auf das bei der Empfängerin entstehende Gefühl und Verständnis ankommt. Die Empfängerin einer Botschaft oder eines Verhaltens bewertet dies aus ihrer Sicht, auch wenn die Führungskraft etwas völlig anderes loswerden wollte. Genauso verhält es sich, nun aus unserer Sicht, mit der Aufrichtigkeit, welche wir persönlich zwischen Charaktermerkmal und Verhaltensweise einordnen.

»Tue, was du sagst und sage, was du tust«: Das hat unser ehemaliger Bundespräsident Johannes Rau einmal zur Maxime von Politikerinnen erklärt. Und es bringt prägnant auf den Punkt, worum es im Führungskontext immer wieder geht. Nur wenn das Gesagte zum bisherigen oder das angekündigte zum zukünftigen Verhalten passt, kann sich bei den Mitarbeiterinnen, also auf Empfängerseite, so etwas wie Sicherheit durch Verlässlichkeit einstellen. Diese Konsequenz von Ankündigung und Folge bedeutet für uns aufrichtiges Verhalten im Sinne eines charakterstarken Wesenszuges.

Wenn du in der Verantwortung für Menschen stehst, ist es ist von größter Bedeutung, zu dem zu stehen, was du sagst oder gesagt hast. Denn Vertrauen ist die Basis, um deine Mitarbeiterinnen oder dein Team aus ihrer Unsicherheit in ein Umfeld der maximalen Leistungsbereitschaft zu führen. Zu beachten ist, dass Führungskräften, viel häufiger als diese es wahrscheinlich vermuten, sehr genau auf die Finger und ihr Handeln geschaut wird. Unser Umfeld im Allgemeinen und unsere Mitarbeiterinnen im Speziellen entwickeln über die Zeit eine sehr feine Aufmerksamkeit für das, was einerseits geäußert und andererseits tatsächlich umgesetzt wird. Hart formuliert werden Ungereimtheiten, Widersprüche oder gar Fehler nur schwerlich verziehen, wenn wir uns selbst nicht an das halten, was wir zuvor noch proklamierten. Ein Klassiker: Eine Führungskraft stellt Konsequenzen in Aussicht, sollte ein bestimmtes Verhalten oder Ergebnis in der Zukunft eintreten. Dann tritt ein entsprechendes Verhalten ein, doch die erwähnten Konsequenzen bleiben aus. Was passiert? Die Führungskraft wird als unglaubwürdig wahrgenommen. Aufrichtigkeit ist somit ein elementarer Schritt, damit sich gegenseitiges Vertrauen aufbauen kann.

5.2 Klarheit

Wenn Sie keine klaren Vorstellungen von Ideen haben, kommunizieren Sie nur bloßen Klang.
Yo-Yo Ma, amerikanischer Cellist

Von ebenfalls großer Bedeutung für Führungskräfte ist die Fähigkeit, klar zu agieren. Es ist eine elementare Fähigkeit, bei meinem Gegenüber Sicherheit zu erzielen. Interessante Untersuchungen haben ergeben, dass Menschen mit mehr Klarheit über sich selbst, ihre Ziele und den Weg, diese Ziele zu erreichen, erfolgreicher agieren als andere. Wir behaupten weiter, dass eine ausgeprägte Klarheit sich ebenso positiv auf das Selbstvertrauen und das Zufriedenheitsgefühl auswirkt. Je eindeutiger ich selbst also agiere, je bewusster ich auftrete und je mehr mir meine Ziele bewusst sind, desto mehr erzeuge ich auch bei meinem Gegenüber eine entsprechend klare Positionierung. Und diese wiederum führt zu gefühlter Sicherheit, da es einfacher wird, mich als Führungskraft einzuschätzen und einzuordnen. High Performance Leader benötigen daher auch eine High-Performance-Klarheit. Klarheit über das *Warum* und das *Wozu* und darüber, wo die gemeinsame Reise hingehen soll, welche Mittel und Werkzeuge zum Erreichen des Ziels benötigt werden und welche Störungen und Probleme es zu umschiffen gilt. Je genauer es mir also gelingt, meine Vorstellung von Zielen und deren Erreichen zu kommunizieren, desto größer ist die Wahrscheinlichkeit, entsprechende Mitstreiterinnen zu gewinnen. High Performance Leader verbinden diese Klarheit meist noch mit einem konkreten Gefühl der Freude und Befriedigung, welches sie spüren möchten, wenn der Moment der Zielerreichung eingetreten ist. Auch über dieses Gefühl herrscht derartige Klarheit zumindest in der visuellen und emotionalen Vorstellung, so dass seine Verbreitung im positivsten Sinne ansteckend für alle Mitstreiterinnen ist.

Mit viel Klarheit ausgestattete Führungskräfte wissen zudem sehr genau, wie sie ihre Mitmenschen behandeln und ihnen begegnen möchten. Sie verfügen über eine hohe, situative Auffassungsgabe, meist gepaart mit einer erkennbar sozial ausgeprägten Intelligenz. Situationsabhängig wissen sie stets, wie sie agieren und mit anderen interagieren möchten. Der Respekt gegenüber ihren Mitmenschen ist ein für sie sehr wichtiger Treiber. Genau dieser bewusst gewählte, respektvolle Umgang ist es, der in anspruchsvollen, kritischen und kompetitiven Zeiten den Unterschied macht, weil er Sicherheit gibt und damit Leistung freisetzt. Extrembeispiele erfolgreicher Konzernlenker wie Steve Jobs oder Ray Dalio, zum Autismus und Narzissmus neigend, bleiben an dieser Stelle unberücksichtigt.

5.3 Toleranz

Ein weiterer leistungsfördernder Aspekt für Menschen ist das Gefühl, genauso so akzeptiert zu werden, wie sie sind. Häufig verfallen Menschen im Gruppenkontext dem Glauben, sich anpassen zu müssen und riskieren, ihre ureigenen Stärken und Persönlichkeitsmerkmale zu verlieren. Selbstverständlich herrscht in jedem Unternehmen eine gewisse Kultur, so wie es in jeder Gruppe oder Mannschaft gewisse Umgangsformen gibt. Nicht selten haben sich diese über viele Jahre etabliert und im besten Fall positiv kultiviert. Die besondere Fähigkeit von Führungskräften ist es, die unterschiedlichen Charaktere der Mitarbeiterinnen zu tolerieren, zu kombinieren und positiv zu nutzen. Dass sie dabei auf verschiedenste soziale Ausprägungen und persönliche Merkmale treffen, sollte keine Überraschung sein, sondern Chance. Wie aber lässt sich nun in einer anspruchsvollen und hoch performanten Umgebung die Individualität des einzelnen mit dem nötigen Gleichschritt des Ganzen verbinden? Aus der Metaperspektive haben wir dieses Ich-versus-Wir-Syndrom bereits in Kapitel 4 betrachtet. Auf eine einzelne Person bezogen bedarf es wiederum eines bestimmten Gefühls, hervorgerufen durch klare Verhaltensweisen, welches die Führungskraft bei seinen Mitarbeiterinnen hervorruft: »Hier kann ich sein, wie ich bin, um meine Stärken voll einbringen zu können.«

Entsprechende Studien zeigen, dass Mitarbeiterinnen, die in ihrem Arbeitsumfeld ganz sie selbst sein können, sich ihrem Arbeitgeber stärker verpflichtet fühlen und engagierter zeigen. Im Umkehrschluss zeigen Menschen, die das Gefühl haben, sich verstellen oder anpassen zu müssen, schlechtere Zufriedenheits- und Engagementwerte. Ein authentisches Selbst scheint sich also signifikant positiv auf die Arbeitsleistung auszuwirken.

Mit Blick auf den Leistungssport lässt sich hier ein sehr interessantes, leicht anzuwendendes Prinzip übertragen: das Zutrauen situativer Problemlösung. Im sportlichen Teamkontext nämlich ist es für die Trainerin völlig unmöglich, ihrem Team für die Vielzahl bevorstehender Situationen konkrete Anweisungen zu geben. Die Trainerin kann der Mannschaft lediglich das *Was* vorstellen, also das gewünschte Ergebnis. *Wie* die jeweilige Spielsituation dann zu lösen ist, müssen Spielerinnen und Mannschaft situativ entscheiden. Als Führungskraft fördere ich damit ein authentisches und selbständiges Auftreten, indem ich Probleme von den Menschen lösen lasse, die direkt mit ihnen zu tun haben. Ob das nun taktische Herausforderungen im Mannschaftskontext oder spezifische Kundenprobleme im Businessalltag sind, macht keinen Unterschied. In beiden Fällen steht im Vorfeld lediglich das gewünschte Endergebnis fest. Wie genau die jeweiligen Situationen und Probleme auf dem Weg dorthin gelöst werden, obliegt allein den Expertinnen, die damit beauftragt sind.

Neben einer rein operativen Betrachtung des Arbeitsumfeldes, also der Frage, welche konkrete Tätigkeit der Mitarbeiterin übertragen wird oder auf welchem Feld sie sich innovativ betätigen kann, spielt die emotionale Einordnung der übertragenen Tätigkeit eine Rolle. Das Gefühl des Zutrauens, so unsere obige These, ist ein positiv belegtes und leistungsförderndes. Auch hier deuten entsprechende Untersuchungen auf die Wichtigkeit hin, für unsere Arbeitnehmerinnen stets nach Abwechslung und neuartigen Reizen bei ihrer Arbeit zu suchen. Etablierte Routinen und wenig Abwechslung führen zu Langeweile, die die Motivation letztendlich zerstört.

Es ist keinesfalls unsere Aufgabe als Führung, unsere Mitarbeiterinnen in ihrer Persönlichkeit zu verändern. Die Aufgabe besteht darin, durch die Vorgabe gewisser Rahmenbedingungen ein intrinsisch motiviertes Verhalten hervorzurufen. Sie besteht auch darin, jeder einzelnen das sichere Gefühl zu vermitteln, dass genau sie mit ihrer Persönlichkeit und ihrer Arbeitsweise einen entscheidenden Beitrag zum Teamerfolg und zur Zielerreichung leistet.

Ohne zu weit in den Bereich des Recruiting oder der Personalauswahl einzusteigen, möchten wir darauf hinweisen, dass nach allgemeiner Studienlage heterogen zusammengestellte Teams den homogenen Gemeinschaften stets überlegen sind. Aus diesem Grund haben wir dem Bereich der Rollenklarheit und Rollenvielfalt ein eigenes Kapitel gewidmet. Jede Mannschaft, jede Abteilung und damit auch jede Organisation braucht Querdenkerinnen und Andersmacher! Sofern es uns als Führungskraft gelingt, diese Querdenkerinnen und Andersmacher innerhalb der organisatorischen Normen zur Entfaltung kommen zu lassen, wirst du sehen, dass genau sie häufig Überdurchschnittliches leisten.

5.4 Ehrlichkeit

Wahrscheinlich haben es viele von uns selbst bereits einmal erlebt. Wir bekommen eine neue Aufgabe, werden Teil einer neuen Projektgruppe oder übernehmen die Führung eines neu zusammengestellten Teams. Von Beginn an verfolgen wir das ehrlich und ernst gemeinte Ziel, uns mit allen Beteiligten gut zu stellen und allen gegenüber fair zu sein. Schließlich haben wir über die Jahre ja gelernt, wie wichtig es ist, Menschen emotional abzuholen, sie inhaltlich mitzunehmen und, wie auch von uns betont, mit größtmöglicher Aufrichtigkeit und Klarheit zu begegnen. Ein fehlerfreies, vermeintlich perfektes Führungsverhalten kann und wird uns so aber mit Sicherheit nicht gelingen. Wir sollten vielmehr erkennen und zulassen, dass auch Störungen, Rückschläge sowie eigenes Fehlverhalten unseren Weg beschreiben werden.

Die bereits beschriebenen Werte Aufrichtigkeit und Klarheit dürfen jedoch nicht mit (hundertprozentiger) Fairness verwechselt werden. Dies würde nämlich bedeuten, dass wir unabhängig von äußeren Einflüssen jeder einzelnen Mitarbeiterin garantieren könnten, im Innenverhältnis stets moralisch, ethisch und inhaltlich absolut korrekt und fair zu handeln. Das ist für den Alltag im Umfeld von High Performance Teams nicht realistisch. Da sich das Gefühl von Fairness aus einem Abgleich äußerer Moralvorstellungen oder bestehender Regelungen mit dem tatsächlich gezeigten Verhalten ergibt, welches wiederum subjektiv bewertet wird, wird auch Fairness stets subjektiv bewertet. Was für die eine völlig unfair erscheint, liegt für die andere noch im Bereich des vertretbaren. Doch genau hier liegt das Problem: Fairness ist nicht messbar, sondern ein individuelles Gefühl.

Für eine Führungskraft ist es völlig unmöglich, alle Mitmenschen gleich zu behandeln. Den Gedanken von Hard Love Leadership aufgreifend ist es die besondere Kunst eines High Performance Leaders, das Wasser nicht aus derselben Gießkanne gleich verteilt über alle Pflanzen zu gießen. Vielmehr bedarf es einer individuellen Betrachtung und Pflege, abhängig vom jeweiligen Kontext. Während ein Schattengewächs wenig Wasser braucht, ruft die Sonnenblume nach ihrer täglichen Dosis, um entsprechend gedeihen zu können.

Diese Herangehensweise impliziert, dass unterschiedliche Situationen stets individuell gelöst werden müssen. Fairness im übergeordneten Sinn, wie wir es uns womöglich wünschen, kann jedoch nie zur Zufriedenheit aller stattfinden. Anstatt also dem Wunsch nach persönlicher Fairness hinterherzujagen, sollten wir lieber an den oben aufgezeigten Prinzipien der Aufrichtigkeit und Klarheit arbeiten. Denn als fair werden wir empfunden, wenn unsere Kommunikation von Offenheit und Ehrlichkeit geprägt ist. Umso bewusster muss uns im Gegenzug sein, dass Unehrlichkeit das größte Risiko für Konflikte in sich birgt. Denn, auf den Punkt gebracht, wo keine Ehrlichkeit herrscht, kann sich kein Vertrauen aufbauen.

Im Leistungssport haben Teammitglieder den Anspruch an ihre Trainerin, mit klaren Ansagen und persönlichen Perspektiven konfrontiert zu werden. So wissen sie zum Beispiel, dass im Rahmen eines Nominierungsprozesses auf Trainerinnenseite viele subjektive Entscheidungskriterien vorliegen können. Eine Mannschaftsnominierung für die Olympischen Spiele wird niemals von allen beteiligten Spielerinnen als gleichermaßen fair bezeichnet werden. Umso mehr sollte es das Ziel der Trainerin sein, einen klar kommunizierten, transparenten und nachvollziehbaren Prozess über die Nominierungsentscheidung aufzuzeigen. In der Sache darf und muss es wahrscheinlich sogar unterschiedliche Meinungen und Gefühle geben. Wird jedoch der Entscheidungsprozesses nachvollziehbar und aufrichtig vorgetragen, wird sich das Konfliktpotenzial aufgrund persönlich wahrgenommener Unfairness in Grenzen halten.

Wir plädieren daher für schonungslose Ehrlichkeit in der Kommunikation gegenüber unseren Teammitgliedern. Du kannst dabei entscheiden, welcher Ton angebracht ist. Ehrlichkeit ist ja nicht gleichbedeutend mit Respektlosigkeit. »Do what you say and say what you do« holt uns also auch auf dieser Ebene wieder ein. Für unsere Mitarbeiterinnen wird persönlich empfundene Unfairness leichter zu verkraften sein, wenn sie wissen, dass die Führungskraft stets mit totaler Transparenz und Offenheit handelt. Dazu gehört ebenso, dass wir den Mut haben, auch unbequeme Wahrheiten auszusprechen.

! **Wir halten fest**

Nichts ist vertrauensfördernder als offene und aufrichtige Kommunikation.

Die benötigte Ehrlichkeit innerhalb eines Teams lässt sich gleichermaßen auf den Bedarf eines ehrlichen Umgangs zwischen dem Team und seiner Führung übertragen. Ein eindeutiges Learning unserer eigenen Zeit als Führungskräfte ist, dass wir nicht dem naiven Wunsch verfallen dürfen, es jeder immer und überall recht zu machen. Wer das versucht, wird schlussendlich niemanden erreichen.

Ehrlichkeit fördert Vertrauen. Vertrauen wiederum ermöglicht den Aufbau von Loyalität und das gemeinsame Verfolgen übergeordneter, gemeinsamer Ziele, was wichtiger und größer ist als die Interessen einzelner. Ehrlichkeit als gelebter Wert im Teamkontext ist auch für die Weiterentwicklung von großer Bedeutung. Denn nur wer es beherrscht, Stärken und Schwächen direkt und ehrlich zu analysieren, die eigenen und die anderer, und Feedback zu geben, ist in der Lage, Potenzialbereiche aufzudecken und für notwendige Verbesserungen zu sorgen.

Wer ehrlich kommuniziert, weiß oder sollte wissen, dass dadurch auch Konfliktpotenzial besteht. Wenn Menschen sich ermutigt und sicher fühlen, in einem geschützten Teamkontext offen und ehrlich die Meinung sagen zu dürfen, werden auch gegensätzliche Interessen umso offensichtlicher. Dies sollten wir als Führungskraft als ein ganz normales Team- und Kommunikationsphänomen betrachten. Wir gehen sogar noch weiter und behaupten, in jedem High Performance Team bedarf es in regelmäßigen Abständen dieser Konflikte, um das Team durch das Lösen der Konflikte enger zusammenzuschweißen und weiter nach vorne zu bringen. Diesen Aspekt, und wie wir Konflikte lösen beziehungsweise nicht eskalieren lassen, schauen wir uns auf den folgenden Seiten genauer an.

5.5 Vom Umgang mit Konflikten

Gerade in Teams, die von besonderem Ehrgeiz und hohen Zielen geprägt sind, kommt es immer wieder vor, dass wir in Zeiten temporärer Teamstagnation unsere persönliche Unzufriedenheit als Führungskraft deutlich äußern. Und im Grunde wollen wir genau das! Meinungen und Ansätze für Problemlösungen sollen nicht unter den Teppich gekehrt, sondern direkt an die Teammitglieder kommuniziert werden. Wie aber ist nun umzugehen mit Situationen, in denen wir spüren, dass (meine) geäußerte Unzufriedenheit sich in Form von schlechter Stimmung und mangelndem Vertrauen an zukünftige Erfolge auch auf die anderen überträgt?

In einem ersten Schritt plädieren wir für einen, wörtlich genommen, entspannten Umgang mit Konflikten. Ob es sich um einen wahrhaftig tiefgreifenden Konflikt zwischen Teammitgliedern oder der Führungskraft und seinem Team handelt, wissen wir zu Beginn eines aufkommenden schlechten Gefühls noch gar nicht. Es geht zunächst einmal um eine erste Einordnung, woher Strömungen der Unsicherheit oder der Unzufriedenheit im Team (oder meine eigenen) eigentlich kommen. Nach unserer Erfahrung ist die Haltung sehr hilfreich, dass Konflikte immer etwas aufdecken und die Chance mit sich bringen, durch eine entsprechende Klärung gestärkt aus der Situation herauszugehen. Im Optimalfall ist das Team nach einem Konflikt oder einer Krise eingespielter und durch noch mehr gegenseitiges Vertrauen geprägt als zuvor.

! **Wir halten fest**

Alle erfolgreichen Teams benötigen Konflikte!

Wiederkehrende Auseinandersetzungen gehören daher zu einer gesunden und ehrlichen Arbeitskultur. Doch es ist schwierig, konstruktive Meinungsverschiedenheiten auszutragen, wenn die Mitarbeiterinnen Konflikte einfach nur als zwischenmenschliches Problem betrachten. Hier sind wir wieder bei der so wichtigen Trennung von Sach- und Beziehungsebene. Wir müssen unserem Team verständlich machen, dass zwischen bestimmten Funktionen innerhalb eines Teams naturgemäß eine gewisse Spannung herrschen muss. Und warum muss sie das? Dazu geben wir dir ein vergleichendes Bild aus der Sportwelt. Häufig schauen in einer Fußballmannschaft offensive Angriffsreihen anders auf die taktische Teamausrichtung als es die defensiv orientierten Verteidigerreihen tun. Dies liegt zunächst in den unterschiedlichen Verantwortlichkeiten der beiden Reihen. Während Stürmerinnen möglichst viele Bälle haben wollen, um Torchancen herauszuarbeiten, geht es der Verteidigung primär darum, die gegnerische Mannschaft vom eigenen Tor fernzuhalten. Diese unterschiedlichen Zielstellungen müssen durch eine nachvollziehbare, gesamtstrategische Ausrichtung verbunden werden.

Genau aus diesem Grunde macht die Etablierung sogenannter crossfunktionaler Teams im Businesskontext Sinn. Sie haben den Vorteil, dass Personen mit unterschiedlichen Zuständigkeits- und Verantwortungsbereichen lernen, sich gegenseitig zu verstehen.

Im Sport kann es Stürmerinnen in speziell dafür angesetzten Teammeetings helfen, Hinweise zur Verteidigungssicht von den Kolleginnen zu erhalten. Defensiv orientierte Spielerinnen sollten hingegen auch an den Aspekten des Toreschießens interessiert sein, um ihr eigenes Verhalten zu hinterfragen und gegebenenfalls anzupassen. Verschiedene taktische Reihen verfolgen spezifische, eigene Ziele, genauso, wie es verschiedene Abteilungen in einem Unternehmen tun. In den jeweiligen Abteilungen befinden sich Spezialistinnen, welche aufgrund ihrer besonderen Fachkenntnis zur Erreichung bestimmter Zwischenziele eingesetzt werden. Hierin liegt naturgemäß ein gewisses Konfliktpotenzial, wenn verschiedene Expertinnen aufeinanderstoßen und ihre Fachmeinung in den Ring werfen. Das anzunehmen und gegensätzliche Positionen mit Blick auf ein gemeinsames Ziel zu nutzen, ist eine ebenso mutige wie wichtige Fähigkeit der Führung.

Anders formuliert: Wenn Mitarbeiterinnen in ihrem Arbeitsumfeld zu allem Ja und Amen sagen, würden wir zeitnah Gleichgültigkeit und Lethargie spüren. Ein Team, welches weder die Offenheit zum konstruktiv-kritischen Austausch besitzt noch die Motivation verfolgt, sich selbst stets Bestleistung abzufordern, wird es nach unserer Einordnung nie zu einem High Performance Team schaffen. Es bedarf daher einer Kultur, in der ein begründetes Nein genauso willkommen ist wie die kommentarlose Umsetzung einer Aufgabe. Denn nur durch Konflikte kommen neue Sichtweisen und damit auch neue Lösungen ans Licht. Die Führung sollte dem Team daher unbedingt das Gefühl geben, dass Meinungsverschiedenheiten willkommen und konstruktive Konfliktlösungen wichtiger Teil der Teamweiterentwicklung sind.

!

Wir halten fest

Ein sicherer Raum für Konflikte und Debatten kann die größte inspirative Quelle für die Weiterentwicklung des Teams und der Organisation sein.

Das Ziel sollte also stets ein offener Meinungsaustausch zwischen den Teammitgliedern sein, begleitet von einer konstruktiven Streitkultur. Die Teamführung wird hierbei, abhängig von den Ausmaßen des Konflikts, als passiver Beobachter oder aktiver Moderator in die Pflicht genommen.

5.6 Formen des Konflikts

Ursprünge und Gründe für Konflikte können vielseitig sein. Zum Teil beruhen sie auf verschiedenen Sichtweisen zwischen den Teammitgliedern, ebenso können unterschiedliche Vorstellungen zwischen dem Team und seiner Führung bestehen. Schauen wir uns die jeweiligen Felder mal etwas genauer an.

Gründe für Konflikte innerhalb des Teams liegen entweder in der Vergangenheit oder in unterschiedlichen Meinungen über die gemeinsame zukünftige Ausrichtung. In beiden Fällen lähmt der Zustand und die Beteiligten sind nicht mehr in der Lage, ihre volle Leistung für den Teamerfolg beizutragen. Als Führungskraft liegt es an dir zu prüfen, wie das Problem gelöst werden kann. Hierbei kann Ursachenforschung eine Rolle spielen. Wir halten es jedoch für wichtiger, mit dem Blick nach vorn an gemeinsamen Lösungen zu arbeiten. Du musst erkennen und entscheiden, ob der Konflikt womöglich aufgrund einer von dir provozierten Unklarheit besteht. Sollte beispielsweise die strategische Ausrichtung des unternehmerischen Vertriebs inhaltlich nicht eindeutig und klar sein kann, wird das unweigerlich zu Konflikten auch innerhalb des Vertriebsteams führen.

Konflikte und die daraus entstehenden Probleme solltest du daher immer auch aus der Vogelperspektive betrachten.

Konflikte zwischen der Führungskraft und seinem Team beruhen häufig auf einer sich negativ entwickelnden Teamstimmung. Oder das Team liefert vermehrt Minderleistungen ab und erwartet seitens der Führung bestimmte Interventionen, welche jedoch anders als gewünscht oder gar nicht erfolgen.

Die Auswirkungen schwelender Konflikte sind im Ergebnis ähnlich, auch ohne die beiden beschriebenen Gründe zu kennen. Häufig spüren alle Teammitglieder einen Verlust von Energie oder Begeisterung für die Sache. Sollten Minderleistungen auf der Ergebnisseite der Grund für Konflikte sein, macht sich häufig auch ein Gefühl der Hilflosigkeit breit. Gelingt es der Führung in diesen Fällen nicht, dem Team eine klare Ausrichtung zu geben, mündet es sogar in Orientierungsverlust. Hier helfen Meetings und Besprechungen, die Teamstimmung einzufangen. Der vorherrschende Ton und die Art, wie strukturiert oder unstrukturiert sie ablaufen, sagt dann ebenfalls viel über die allgemeine Stimmung aus. Persönliche, verbale Angriffe, Streitigkeiten, einseitige Schuldzuweisungen und ein eher sarkastischer als konstruktiver Ton sollten dir entscheidende Fingerzeige sein, um vor allem unterschwellige Konflikte schnellstmöglich zu identifizieren.

5.7 Konflikt gelöst?

Konflikte müssen aufgedeckt, angesprochen und zeitnah gelöst werden. Doch wie erkennen wir, ob ein Konflikt auch aus der Welt ist? Die schnelle Antwort: Mit der Lösung des Konflikts muss eine Verbesserung der Situation festgestellt werden können. Und wie erkennen wir wiederum das? Indem wir wahrnehmen, dass alle Beteiligten über mehr Klarheit im jeweiligen Kontext verfügen. Das kann die gesamtstrategische Ausrichtung des Teams, Verhaltensweisen untereinander oder das Verständnis gegenüber beteiligten Mitarbeiterinnen betreffen. Doch zunächst muss erst einmal die Kuh vom Eis. Und wie gelingt uns das? Gibt es das eine Allheilmittel, die eine Rezeptur oder Faustformel zur Lösung von Konflikten? Nein, natürlich nicht. Ist die Führungskraft selbst Teil des Konflikts und damit des Problems, wird sie einer direkten Auseinandersetzung mit sich und dem Team nicht aus dem Weg gehen können. Besteht der Konflikt hingegen eher innerhalb des Teams, hängt es von der Erfahrung und dem Feingefühl der Führungskraft ab, ob und wie weit sie sich an der Konfliktlösung beteiligt. Sie kann als Konfliktmoderator einsteigen, um aktiv zu helfen, das Problem zu beseitigen oder sie kann den Beteiligten die Konfliktbewältigung selbst überlassen.

5.8 Wie 20,- € zu olympischem Gold führten

Wir befinden uns im Vorfeld der Olympischen Spiele 2008. Die Nominierung der deutschen Herren-Hockeynationalmannschaft für die Olympischen Spiele 2008 in Peking ist in vollem Gang. Doch was ist auf der Torhüterposition los? Die bis dato im Tor stehende Nummer eins, Ulrich Bubolz, wurde nicht ausgewählt! Stattdessen wurde der zwar als Talent bekannte, jedoch turnierunerfahrene, jüngere Max Weinhold zur Nummer eins benannt. Deutschland sollte also mit einem Torhüter in die Olympischen Spiele starten, der bis dahin noch kein großes Turnier absolviert hatte. Und damit nicht genug. Als Nummer zwei und somit als Ersatztorwart nominierten die Trainer den ältesten und erfahrensten Torhüter Christian Schulte.

Wie sich herausstellte, schwelte zwischen Max, der neuen Nummer eins, und Christian, der erfahrenen Nummer zwei, schon seit längerem ein Konflikt. Wir ordnen ihn mal unter fortgeschrittenem Konkurrenzkampf ein. Worum es zwischen Max und Christian genau ging, soll an dieser Stelle keine weitere Rolle spielen.

Fakt war: Wir hatten drei Wochen vor den Olympischen Spielen eine ungeklärte Situation in der Mannschaft, zudem noch auf der sehr sensiblen, weil so wichtigen Torhüterposition. Der damalige Cheftrainer Markus Weise ging das Problem auf eine für ihn typische, intuitive Art an. Er löste das Problem nicht selbst. Vielmehr gab er den entscheidenden Impuls an die beiden Torhüter weiter, den Konflikt zu lösen. Und das lief so: Während des letzten Trainingslagers vor Turnierstart – wir testeten in Barcelona gegen den späteren Gruppengegner Spanien – bat Markus am Ende einer Teambesprechung die beiden zu sich, während der Rest des Teams dabei war, den Raum zu verlassen. Die genaue Wortwahl ist über die Jahre verloren gegangen, doch sinngemäß sagte er folgendes:

Männer, hier habt ihr 20€. Ihr habt den restlichen Abend frei und könnt mit diesen 20€ machen, was ihr wollt. Kauft euch vier Bier, zwölf Tassen Kaffee oder geht gemeinsam ins Kino. Das Einzige, was ich erwarte, ist, dass ihr die Zeit zur Klärung eurer Situation nutzt. Klärt für euch bitte sehr genau, wie ihr die kommenden Wochen bei den Olympischen Spielen agieren und miteinander umgehen wollt. Klärt, was ihr voneinander erwarten könnt und welche Erwartungen auch das Team an seine beiden Torhüter haben kann. Ihr habt eine derart wichtige Rolle für die Mannschaft und seid deshalb angehalten, eure Streitigkeiten und Ungereimtheiten bis zum Turnierstart aus dem Weg zu räumen. Viel Erfolg und viel Spaß.

Alle Zuhörenden außer Markus hatten einen Gesichtsausdruck zwischen verdutzt, überrascht und verwirrt. Auch die beiden Torhüter wussten wahrscheinlich die ersten Sekunden nicht, ob sie die 20 € einfach nehmen und verschwinden sollten oder ob es sich um eine psychologische Finte des starken Rhetorikers Weise handelte. Doch dann nahmen sie das Geld und verbrachten den restlichen Abend gemeinsam in einem Café in Barcelona. Gesprächsdetails gelangten nur zum Teil an die Öffentlichkeit, doch weit wichtiger: Das Turnierergebnis sprach für sich. Abgesehen vom ersten Gegentor im deutschen Auftaktspiel gegen China zeigte Max eine sehr starke Turnierleistung und galt im Nachhinein als Hauptdarsteller beim Gewinn der Goldmedaille. Offensichtlich nutzten die beiden Konfliktprotagonisten die Zeit im Café, um Vergangenes zu klären, Sichtweisen darzustellen und Missverständnisse auszuräumen. Sie entwickelten einen gemeinsamen Blick auf die kommenden Wochen, denn natürlich war ihnen bewusst, dass eine starke deutsche Turnierleistung gleichermaßen von einer starken Torhüterleistung abhängig war. Sie bewegten sich aufeinander zu und zeigten während des Turniers ein von Respekt und Unterstützung geprägtes Verhalten.

Das Beispiel ist nicht nur deshalb schön, weil die Geschichte so erfolgreich ausging und ihr Beginn eher ungewöhnlich war. Nein, sie ist deshalb so brauchbar, weil sie vielerlei offenlegt. Zum einen den Mut der Führungskraft, Problemlösungen dorthin zu verlagern, wo sie entstehen oder bestehen. In unserem Beispiel hätte womöglich auch ein Dreiergespräch zwischen Markus und seinen beiden Torhütern hilfreich sein können. Im Sinne eines High Performance Teams ist es gleichermaßen klug, die Konfliktbewältigung den Betroffenen zu überlassen. In einem späteren Gespräch mit Max, wie er denn dieses Konfliktmanagement seitens Markus einschätzte, erzählte er, dass das Vorgehen perfekt fand. Der Trainer habe sich gerade nicht aus der Verantwortung gezogen, sondern viel mehr gezeigt, das Problem erkannt zu haben.

Mündige Mitarbeiterinnen sind sowohl in der Lage, eigene Entscheidungen zu treffen als auch, zwischenmenschliche Probleme aus der Welt zu räumen. Konflikte zu erkennen ist somit der erste Schritt, eine durchdachte Bewältigung der nächste. Optimalerweise findet diese, solange die Spannungen im Team liegen, auch teamintern statt. Im beschriebenen Beispiel war es goldrichtig (!), die Torhüter als mündige Athleten und kluge Problemlöser selbst in die Verantwortung zu nehmen.

5.9 Eckpunkte einer Streitkultur

Wollen wir Teammitglieder dafür begeistern, Konflikte direkt und konstruktiv-kritisch anzusprechen und in Konfrontation zu gehen, bedarf es einer besonderen Art der Kommunikation. Wir bezeichnen diese Fähigkeit zu offenem, ehrlichem und nach vorn gerichtetem Dialog als Streitkultur.

Confrontation simply means meeting the truth head-on.
Mike »K« Krzyzewski, Basketball Coach

Auf den Punkt gebracht: Ein High Performance Team muss sich fetzen können, ohne sich dabei zu zerfetzen. Es bedarf also gewisser Spielregeln, gepaart mit einem etablierten Vertrauensverhältnis und dem verbindenden Ziel, stets an der sachlichen Lösung eines Konflikts interessiert zu sein. Eine echte Streitkultur entsteht nur in Teams mit ausgeprägtem, gegenseitigem Vertrauen. Nur wenn ich mir sicher sein kann, genau das sagen zu können, was ich denke, ohne Konsequenzen oder Missachtung zu erfahren, agiere ich als Konfliktteilnehmerin befreit, ehrlich und zielorientiert. Es bedarf eines gemeinsamen Verständnisses, dass nur das gegenseitige Anhören und Zulassen von Meinungen die Chance erhöht, zur bestmöglichen Problemlösung zu gelangen.

Sechs Statements zur konstruktiven Problemlösung

1. Wir sitzen doch alle im gleichen Boot! Das gemeinsame Ziel ist die Problemlösung und wir sind uns bewusst, hierfür entsprechende Geduld mitzubringen.
2. In einer guten Streitkultur wollen wir unser Gegenüber erst einmal verstehen: Wo stehst du inhaltlich und was willst du mir sagen?
3. Jeder hat die Haltung: Ich höre dir zu und trenne die Sach- von der Beziehungsebene. Ich zolle dir Respekt, indem ich versuche, dich zu verstehen und deine Meinung nicht (negativ) auf dich als Mensch zu projizieren.
4. Wir sprechen bitte über Fakten! Lautstarke, emotionale Ansagen machen die Diskussion nicht besser. Wir versuchen stattdessen, mit konkreten Beispielen und Bildern zu arbeiten. Aussagen wie »Ich habe da so ein Gefühl« sind ernst zu nehmen, sollten jedoch mit nachvollziehbaren Informationen unterlegt werden.
5. Wir gehen gemeinsam durch dick und dünn. Das gegenseitige Vertrauen in einem Team wächst viel mehr durch den Prozess der Konfliktbewältigung als durch das erzielte Ergebnis. Es verbindet Menschen und lässt sie sich gegenseitig wieder klarer sehen.
6. Lasst uns alle bescheiden bleiben. Diese Haltung ist unfassbar wertvoll, denn mein Gegenüber kann aus dessen Sicht genau so »Recht« haben wie ich.

5.10 Eskalation vermeiden

Da nicht jeder Konflikt mit 20€ zu beheben ist und manch eine von uns bereits Zeugin schwerer, das Team erschütternder Konflikte oder Eskalationen war, ist eine Maxime: Lass Konflikte nur bis zu einem gewissen Grad entstehen. Probleme, welche das Team in seiner Handlungsfähigkeit einschränken und Energien rauben, sollten von Beginn an bekämpft und durch das Einhalten teamdynamischer Grundregeln, wie in diesem Buch vielerorts dargestellt, vermieden werden. Probleme und ihre Lösungen kosten Energie und Zeit und sie bergen das Risiko, tief in die Team-DNA einzutauchen, was gefährlich und langatmig sein kann. Konflikte jedoch gilt es auszuhalten, sofern das Team auf einem gesunden Fundament steht, vor allem, wenn innerhalb des Teams generell offen und ehrlich kommuniziert wird. In diesem Spannungsfeld, aufgrund von Meinungsverschiedenheiten Innovation zu fördern und gleichermaßen zu erkennen, wann zu viele Meinungen zur Teamausrichtung nachteilig für die Dynamik und Zielerreichung werden, bewegen sich Führungskräfte also regelmäßig.

Wir halten fest !

Probleme dürfen sich nicht im Team manifestieren, sie müssen stets lösbar bleiben.

Nur wenn es mir als Führungskraft gelingt, sichere Räume für Auseinandersetzung und Weiterentwicklung zu etablieren, begleite ich Menschen auf dem Weg zu ihrer individuellen Bestleistung. Alle Arten von Silodenken und teamschädlichen Egoismen sollten schnellstmöglich beseitigt werden, denn diese erzeugen Unklarheit, Unverständnis und risikobehaftete Kommunikation. Jegliche Formen von Mauern innerhalb eines Teams gilt es ebenso abzubauen wie Vorurteile des Teams und seiner Führung.

Letztendlich lässt sich echten Problemen am effektivsten dadurch begegnen, indem wir ihrem Entstehen bestmöglich vorbeugen. Hierzu bedarf es, noch einmal zusammengefasst, einiger Grundregeln und Prinzipien:

- Ein Team sollte stets wissen, was genau es erfolgreich macht und welche Probleme es im Rahmen der Teamentwicklung auf dem Weg zu hohen Zielen zu umschiffen gilt. Es bedarf höherer Gruppenideale und -ziele, welche immer wichtiger sind als die individuellen, um das Team in seiner Gesamtheit entsprechend auf Kurs zu halten.
- Es braucht eine Kultur der transparenten und offenen Kommunikation im Team und mit der Führung, da sie höchst ursächlich für den Aufbau eines gegenseitigen Vertrauensverhältnisses ist.
- Von zentraler Bedeutung ist Klarheit über Rolle und Verantwortlichkeiten jedes Teammitglieds und wie sich diese in die Gemeinschaft integrieren.

6 Wie ein High Performance Team sein Potenzial entfaltet

Während es in den vorangegangenen Kapiteln primär um die Architektur, den Aufbau eines High Performance Teams ging, begeben wir uns nun zur nächsten Phase: seiner Entwicklung und stetigen Weiterentwicklung. Ob unser Team in seiner Leistungsausprägung auch wirklich Höchstleistung liefern kann, wissen wir zum Zeitpunkt der personellen Zusammenstellung nicht. Wir verfolgen jedoch den Ansatz, flankiert durch unsere Empfehlungen in allen vorherigen Kapiteln, die Grundlagen und Rahmenbedingungen bewusst schaffen zu können, damit sich die Leistung unserer Mitarbeiterinnen optimal entfalten kann und das Team als Gemeinschaft zu großartigen Ergebnissen imstande ist. Es geht also um Potenzialentfaltung! Die Architektur gibt einem Team dabei lediglich ein Potenzial, eine Basis. Ob es dieses anschließend entfaltet, hängt davon ab, ob und wie bestimmte Entwicklungsbausteine genutzt werden. Diese finden sich in unserem Team-Force-Seven-Modell wieder, das wir später genau vorstellen.

Auf dem Weg zu High Performance bedarf es daher einer Vielzahl von Korrekturen, Impulsen und Interventionen. Die wichtigsten von ihnen werden wir uns gleich im Detail ansehen. Vor allem, um zu verstehen, warum du als Führungskraft hier in besonderer Verantwortung stehst und wo es sich lohnt, ganz genau hinzuschauen. In einer Analogie gesprochen: Bei der Planung von Bauwerken benötigt der architektonische Aufbau mit allen Plänen und Konstruktionen ungleich mehr Zeit und Aufwand wie ihr (un-)bewusstes Zusammenstürzen. Eine gute, weil nachhaltige Teamarchitektur benötigt also Zeit und Geduld. Je mehr Energie und Sorgfalt du investierst, desto größer ist die Chance auf ein langlebiges und stabiles Fundament.

6.1 Prozess der Teamentwicklung

Keine Gemeinschaft agiert ab dem Zeitpunkt ihres Zusammenschlusses oder ihrer Gründung bereits als Team, geschweige denn als High Performance Team. Vielmehr ist die Entwicklung beziehungsweise das Durchlaufen verschiedener Phasen notwendig und zwingende Voraussetzung für einen starken inneren Zusammenhalt und eine weitere, echte Teamarbeit. Dies haben wir zu Beginn des Buches bereits bildlich aufgezeigt und zur besseren Einordnung die Terminologie von Gruppe, Team und High Performance Team verwendet.

Auch ein Team muss als sozialdynamisches System wachsen

Das Wissen um jene Phasen der Teamentwicklung ist für Führungskräfte von großer Bedeutung, weil teamdynamische Prozesse selten für jedermann erkennbar und thematisch klar einzuordnen sind. Die Aufgabe der Teamführung besteht genau darin, das Team in allen Phasen seiner Entwicklung zu begleiten. Die Metamorphose einer Gruppe zum Spitzenteam bedarf neben dem Faktor Zeit also einer bewussten Begleitung, genannt Teamleitung oder Führungskraft. Die Ausprägung kann dabei von impulsgebender Moderation bis zu aktiver Prozessgestaltung mit dem Team reichen.

Dieses Begleiten kann je nach Notwendigkeit aktiver oder passiver gestaltet werden, ebenso mal kontinuierlicher, mal seltener. Team und Teamführung sollten sich deshalb regelmäßig in Reflexion mit dem aktuellen Stand der Teamentwicklung und den noch zu durchlaufenden Phasen beschäftigen. Dies nicht oder nur dezent auf Basis wissenschaftlicher Theorien, sondern vielmehr durch den stetigen Abgleich, wo die Gemeinschaft aus teamdynamischer Sicht aktuell steht und welcher inneren Verbundenheit es bedarf, um die avisierten Ziele auch zu erreichen.

Sicher ist, dass jedes Team mehr oder weniger kontinuierliche Unterstützung auf seinem Weg zu einem High Performance Team braucht und der Teamführung dabei entscheidende Bedeutung zukommt. Modelle zu den Phasen der Teamentwicklung entstanden bereits in den 50er und 60er Jahren. Federführend waren hier vor allem Bruce Tuckmann, Muzafer Sherif und James A. Garland. Auf diesen Modellen aufbauend werfen wir im Folgenden einen eigenen Blick auf die notwendigen Phasen und Perioden der Teamentwicklung.

6.2 Phase 1: Der Start

Zur Startphase eines jeden Teams, sei es zu dessen unternehmerischer Gründung oder einer projektbezogenen Zusammenstellung, ist zunächst von einer allgemeinen Unsicherheit auszugehen. Möglicherweise kennen sich einzelne Teammitglieder noch nicht und wissen nicht genau, was inhaltlich auf sie zukommt. Vor allem bei crossfunktionalen Teams in agil geprägten Unternehmen ist dieses Phänomen nicht zu unterschätzen. Die Folgen sind vielerorts ein eher oberflächlicher und distanzierter Umgang untereinander. Konflikte werden verschwiegen, unterdrückt und damit unweigerlich aufgeschoben. Die inhaltliche und persönliche Kommunikation besitzt noch keine Tiefe, es fehlt schlichtweg an Stabilität in der persönlichen Beziehung und damit an einem Grundvertrauen. Ebenso können die individuellen Erwartungen aller Beteiligten noch weit auseinanderliegen. Das alles zu analysieren, zu verstehen und auf einen gemeinsamen Nenner zu bringen, braucht Zeit.

Die wichtigste Erkenntnis in dieser Phase ist, dass sich die Gruppenmitglieder untereinander noch nicht verbunden fühlen und eine (gegenseitige) Verantwortungsübernahme, wenn überhaupt, nur minimal ausgeprägt ist. Positive, aber als vage einzustufende Gefühle sind konstruktive Neugier, Vorfreude und (bestenfalls) hohe intrinsische Motivation. Für die Teamleitung geht es primär also darum, die beteiligten Menschen von einem oberflächlichen Verhältnis in den persönlichen Austausch und gezieltes Kennenlernen zu führen.

Analog zu den von uns beschriebenen Prozessen der Personalauswahl, der Architektur des (späteren) Teams, muss die Führungskraft entsprechende Arbeit im Vorfeld leisten und die Frage klar beantworten: Mit welcher Mannschaft gehen wir in das Spiel? Aufschreiende (führende) Leserinnen werden argumentieren, das läge doch gar nicht immer in ihrer Verantwortung. Personell mag das zutreffen, doch vergessen wir bitte nicht: Die Aufstellung und Ausrichtung unserer Spielerinnen können wir immer beeinflussen und gegebenenfalls korrigieren.

Wir empfehlen dir daher, deinen Einfluss auf Auswahl und Positionierung der Einzelnen im Team geltend zu machen.

6.3 Phase 2: Gerangel und persönliche Positionierung

Da das Zusammentreffen von Menschen immer dynamisch ist und bleibt, wird es in der zweiten Phase dazu kommen, dass sich ursprünglich angedachte Positionierungen und Formationen ändern. Da das Durchlaufen dieser Phase inklusive Durchhaltevermögen der Führung so wichtig ist, beschreiben wir sie ausführlicher.

Wir nennen diese Phase mit Blick auf einen 5000-m-Lauf in der Leichtathletik, wo sich bereits relativ zügig nach dem Start alle Läuferinnen in eine für sie angenehme und aussichtsreiche Position einordnen, die Phase des Gerangels. Während die eine Läuferin bewusst von der Spitze aus agieren möchte, um Tempo und Konkurrenz zu kontrollieren, ordnen sich andere dahinter ein, um das Geschehen erst einmal zu beobachten. Wie auch bei der Teamentwicklung sagt eine frühe Positionierung kurz nach dem Start noch nichts über das Endergebnis aus. Sie ist jedoch wichtig für die weitere Gruppendynamik und den Verlauf des Rennens und Prozesses. Es zeigt sich bildlich, dass es der innere Antrieb von Menschen ist, in dynamischen Systemen eine für sie passende Position einzunehmen, aus welcher sie strategisch agieren wollen und können.

In der Gerangelphase beginnt die Gruppe, sich eine innere Struktur zu geben. Beziehungen werden intensiviert und erst durch regelmäßiges Zusammenwirken wird eine Einigkeit über gemeinsame Arbeitsprozesse erzielt. Zu beobachten ist häufig ein gegenseitiges Austesten von Regeln und grenzwertigen Verhaltensweisen. Mit anderen Worten: Die Gruppe befindet sich in der wichtigen Phase der inneren Aufstellung. Dabei können Rivalitäten zutage treten und wir als Führungskräfte dürfen keine Scheu haben, diese zuzulassen beziehungsweise zu moderieren.

Wir erinnern an dieser Stelle an die Prinzipien von Hard Love Leadership. Ein Mix aus entspannter Gelassenheit und bewusster Einhaltung notwendiger Spielregeln wird es dir als Führungskraft erleichtern, bereits in diesem frühen Prozess die notwendige Klarheit über dir wichtige Führungsmerkmale zu unterstreichen. Alle Prozesse, welche das Zusammenarbeiten der Gruppe erschweren könnten und entweder an der Oberfläche auftreten oder unter ihr schwelen, sollten angesprochen und geklärt werden. Diese Phase des Gerangels mag sich für viele Führungskräfte unangenehm anfühlen, da wir bereits zu einem frühen Stadium des Zusammenwirkens unsere Arbeitsweise klarstellen und uns als konsequente Teamleitung positionieren müssen. Gleichwohl ist diese Phase aus zwei weiteren Gesichtspunkten von großer Bedeutung. Denn neben der Aufgabe der Führungskraft, ihre Rolle und Sichtweise früh zu stärken, finden innerhalb der Gruppe notwendige Reinigungsprozesse statt, welche die Grundlage für spätere Höchstleistungen sind. Gerade weil uns der Bezug zur späteren Leistung zu diesem Zeitpunkt noch fehlen mag, bedarf es der beschriebenen Gelassenheit in Kombination mit der Zuversicht, dass jede Positionierung an ihrem Ende klarer ist als zu Beginn. Letzteres unter ständiger Beobachtung und Mitwirkung der Teamleitung, welche ein genaues Bild von High Performance und Höchstleistung haben sollte. Mit diesem Zielbild im Kopf (Wie sieht an einem optimalen Tag unsere beste Leistung aus und was braucht es dafür?) obliegt es der Teamleitung, die teaminterne Dynamik über bewusste Interventionen zumindest anteilig zu steuern. Den Rest wird und muss das Team selbst regeln.

6.4 Phase 3: Die Ausrichtung

Nach mehr oder minder stark ausgeprägten Positionierungskämpfen innerhalb der Gruppe folgt nun eine Phase, die wir als Ausrichtung bezeichnen. Das Team hat die innere Aufstellung geklärt und Umgangsformen für sich entwickelt. Es richtet sich nun für die wirkliche Arbeit, den Endspurt aus, welcher über Sieg oder Niederlage entscheidet. Optimalerweise hat sich eine Feedback- und Streitkultur etabliert, bei welcher konfrontative Standpunkte klar und zeitnah angesprochen werden. Die Teammitglieder pflegen einen vertrauten Umgang, denn Ängste und Konflikte wurden in der vorherigen Phase bearbeitet und beseitigt. Vertrauen prägt das gegenseitige Miteinander und die Gruppe spürt, dass sie dadurch effektiver und harmonischer zusammenarbeiten kann.

Wichtig und notwendig in dieser Phase ist der Prozess, ein klares Zusammengehörigkeitsgefühl zu entwickeln. Hierfür bedarf es gemeinsamer Teamerlebnisse, bestenfalls positiver Leistungen und Erlebnisse, an denen sich alle erfreuen und orientieren können.

6.5 Phase 4: Das erwachsene Team

Nun endlich kann sich Leistung wirklich entfalten. Wir schauen auf ein Team, welches offen kommuniziert, untereinander flexibel agiert und ideenreich gegenüber seiner Umwelt auftritt. Werte wie Ehrlichkeit, Hilfsbereitschaft und Solidarität sollten und werden eine hohe Ausprägung innerhalb der Teamwerte haben, wenn man sich selbst als leistungsfähig bezeichnen möchte.

Wir können nun von einem erwachsenen Team sprechen, welches auf der Sachebene lösungsorientiert agiert und Kritik sachlich äußert, ohne die Beziehungsebene zu belasten. Zeit und Kräfte werden primär für effektive und wertschöpfende Arbeit verwendet, gleichermaßen verbringt das Team weniger Zeit mit der Klärung interner Unklarheiten. Abgestimmtheit, Reife und Einigkeit sollten dem Team intern wie extern zugesprochen werden. Im Vordergrund steht nun erkennbar die Identifikation mit der gemeinsamen Aufgabe und das gemeinsame Lösen von Problemen auf dem Weg zum Ziel. Neben der Aufstellung ist auch das situative (Re-) Agieren geklärt, sollten die Verantwortlichkeiten ins Wanken geraten.

Im Sport- wie auch im Businesskontext geht es nun darum, dass das Team sein volles Potenzial entfaltet sowie über einen möglichst langen Zeitraum aufrechterhält. Hierbei kommt erwartungsgemäß der Teamführung erneut eine elementare Aufgabe zu. Der regelmäßige Abgleich, ob und wie performant zusammengearbeitet wird, hat einen regelmäßigen Prozess im Sinne eines Teamchecks zur Folge. Im Idealfall ist das Team nun auf dem Maximum seiner Leistungsfähigkeit und sollte in der Lage sein, hochgesteckte Ziele von sich heraus zu erreichen. Auftretende interne Probleme können durch nur noch minimale Anpassungen schnell korrigiert werden. Denn die grundlegende Teamarchitektur hat bereits einige Zeit zuvor stattgefunden.

In dieser Phase ist eine Stimmung gegenseitiger Euphorie zu spüren, in denen die Teammitglieder erkennbar Lust und Freude an der Zusammenarbeit haben. Das gemeinsame Wirken treibt sie an, individuelle Befindlichkeiten treten in den Hintergrund, um gesteckte Ziele zu erreichen. Das Ego-Verhalten ist einem Wir-Gefühl gewichen und dieses Gefühl gibt dem Team Identifikation und Sicherheit. In dieser Situation sprechen wir von unserem gewünschten Optimalzustand des Teams.

6.6 Phase 5: Ziele und Re-Start als Endlosschleife

Natürlich endet eine Teamentwicklung nicht ohne Weiteres mit dem Erreichen eines gewissen Projektstandes oder dem Einhalten einer Deadline. Teamentwicklung ist ein andauernder und fortwährender Prozess, welcher sich in den dargestellten Phasen regelmäßig wiederholt. Doch nicht jeder Prozess beginnt erfreulicherweise immer wieder in der Startphase. Wie stark die Ausprägung neuer, teaminterner Dynamiken ist, hängt vielmehr davon ab, wieviel Veränderung das Team auf seinem Weg und nach dem ersten Erreichen einer Zielmarke vollzogen hat. Gerade bei personell klar definierten und lang angelegten Projekten ist es daher von großer Bedeutung, genau auf das Innenleben des Teams zu schauen. Wie haben sich einzelne Teammitglieder entwickelt? Was hat das Erreichen des Zieles und das Feiern von Erfolgen mit dem Team und seinen Mitgliedern gemacht? Ist das Team aufgrund einer Zielerreichung nunmehr zufrieden und weniger motiviert oder steckt es weiterhin voller Energie, um in naher Zukunft erneut und womöglich noch bessere Ergebnisse zu erreichen? Diese und andere Fragen müssen wir regelmäßig, selbstkritisch sowie reflektierend betrachten und beantworten.

Es gilt die Faustformel: Je mehr das Team in der Selbstorganisation durch geklärte Prozesse einem High Performance Team gleicht, desto weniger muss die Führung aktiv gestalten und kann sich mehr um die Moderation bestimmter Prozesse kümmern.

Je nachdem, wie stark ein Team sein Potenzial entfalten konnte und personelle Veränderungen stattfanden, muss die Teamführung in der entsprechenden Entwicklungsphase erneut anzusetzen. Wir empfehlen daher, klare, für dich und dein Team passende Kriterien zu entwickeln, welche Verhaltensweisen und wahrnehmbare Dynamiken du mit den verschiedenen Teamentwicklungsphasen verbindest. Du wirst spüren, ob das Team bereits »satt« ist und daher neue Ziele und Impulse von außen braucht. Ebenso können neue Mitarbeiterinnen die bisherige Balance positiv wie negativ beeinflussen, so dass sich neue interne Hierarchien und Verantwortungen ergeben. All dies bedarf der sensiblen und genauen Beobachtung durch die Führung, um themenorientiert und zeitlich passend zwischen erwähnter Prozessgestaltung und Moderation zu wechseln.

6.7 Erfolg! Und dann?

Genau an dieser Stelle ist Platz für ein wichtiges Zitat unseres bereits in Kapitel 4 erschienenen, ehemaligen Basketball-Superstars Michael Jordan. Dieser Jordan, Protagonist der Chicago Bulls, wenn es um die Entwicklungsphasen hin zu einem High Performance Team geht, sagte einmal sinngemäß: Gerade dann, wenn wir erfolgreich sind, weil wir unsere Egos zum Wohle eines übergeordneten Ziels untergeordnet haben, sorge ausgerechnet der Erfolg dafür, dass wir wieder (Gefahr laufen,) zu Egos zu werden. Eine interessante Aussage, die jeder für sich nun reflektieren kann. Hast auch du Situationen erlebt, in denen ein Erfolg zu negativen Veränderungen im Zusammenspiel geführt hat? Hast du gesehen, wie jemandem buchstäblich der Erfolg zu

Kopfe gestiegen ist? Der Neustart, das Reforming, setzt genau hier an. Sobald ein sozialdynamischer Prozess die avisierte Zielrichtung erkennbar zu verlassen scheint, müssen er beziehungsweise das Team neu ausgerichtet werden. Aber wie gehe ich dann vor, fragst du dich nun zu Recht.

Wir haben über die Jahre festgestellt, dass es vornehmlich zwei entscheidende (Zahn-)Räder sind, an denen wir als Teamführung immer wieder drehen müssen.

1. **Anpassung der Teamziele**: Zum einen bedarf es der regelmäßigen und konsequenten Anpassung der Teamziele nach dem Erreichen bestimmter Meilensteine. Da Erfolgsziele nach Datum, Ort und Inhalt klar definierbar sind, ist es meine Aufgabe als Team(-führung), stets zu prüfen, ob die aktuelle Zielausgabe noch motivierend und realistisch für jede Einzelne und das Team ist. Im Wirtschaftskontext wird dies besonders dann zur Herausforderung, wenn ein Quartal oder Geschäftsjahr mit einem Rekordergebnis endet. Wo nun noch Potenzial zur Verbesserung liegt, gilt es genau zu analysieren. Vielleicht ändert sich auch die Zielrichtung und verändert sich strategisch von quantitativen zu qualitativen Zielen. In jedem Fall stellt die Anpassung von Zielen nach erfolgreichen Phasen eine notwendige Intervention dar.
2. **Teamarchitektur**: Gleichermaßen kann eine solche Anpassung und Neuausrichtung teamintern bei den einzelnen Mitgliedern stattfinden. Womöglich haben sich einzelne Teammitglieder in anderen Rollen und Verantwortungen weiterentwickelt, so dass sich die interne Ausrichtung und Hierarchie verändert hat. Wie bereits beschrieben hat auch jede personelle Veränderung teamintern Auswirkungen auf die zwischenmenschliche Ebene. In diesem Bereich ist immer wieder zu prüfen, ob und wie das Team in seiner Architektur stärkenorientiert bestmöglich aufeinander abgestimmt ist.

6.8 Vertrauen und Zutrauen

Wir benannten bereits in Kapitel 6.2 die Vertrauensebene als maßgeblich, um zu verorten, in welcher Phase der Entwicklung sich unser Team befindet. Je weniger innere Verbundenheit und gegenseitiges Vertrauen im Team vorherrschen, desto geringer ist die Wahrscheinlichkeit, dass Teams in anspruchsvollen Situationen zu optimaler Leistung kommen. Das hat schlicht mit dem Energieverlust zu tun, den jedes einzelne Mitglied verspürt, weil es eben nicht ohne Konsequenz agieren und nicht sicher sein kann, dass alle in die gleiche Richtung mitlaufen. Diese mental und inhaltlich lähmende Skepsis muss abgebaut und das Gefühl des gegenseitigen Ver- und Zutrauens aufgebaut werden. Daher möchten wir auch in diesem Buch vertrauensvolle Zusammenarbeit intensiver betrachten.

In der Fachliteratur zum Thema Führung stoßen wir meist früher als später auf das omnipräsente Thema Vertrauen. Eine landläufige Meinung gibt uns zu verstehen: »Deine Mitarbeiterinnen müssen dir als Chef vertrauen, sonst geht da gar nichts.« Spätestens in Diskussionen über flache Hierarchien und Führung auf Augenhöhe kommen wir an der Auseinandersetzung mit Vertrauen und seiner Wirkung nicht vorbei. An dieser Stelle zitieren wir erneut den Fußballprofi Kevin-Prince Boateng:

Das Gefühl von Vertrauen ist ungemein wichtig für mich.
Dieses Gefühl, einen Trainer hinter mir
zu wissen, der mir Verantwortung zutraut (…).
Kevin-Prince Boateng

Interessant ist, dass solch eine Aussage von einem extrovertiert und selbstbewusst wirkenden Spieler stammt. Boateng war in seiner Karriere nie um kernige Aussagen und Forderungen gegenüber seinem Umfeld verlegen. Gleichwohl lässt die zitierte Aussage im wahrsten Sinne des Wortes tief blicken. Denn auch ein Spieler seines Naturells, kräftig, selbstbewusst und mit männlich dominantem Auftreten, sehnt sich offensichtlich nach einer emotionalen Ebene zu seiner Führungskraft, welche ihm Halt zu geben scheint.

Boateng spricht mit diesem Zitat wahrscheinlich unbewusst, aber exakt aus, was wir über das Wortpaar Vertrauen-Zutrauen denken. Für Vertrauen bedarf es aus unserer Beobachtung eines Zustands der Vertrautheit. Diese Vertrautheit wiederum ist stets in einem zeitlichen Zusammenhang zu sehen. Vertrautheit braucht Zeit, in der wir auf Basis gemeinsamer Erfahrungen eine persönliche Beziehung zu einem Menschen aufbauen. Nur dann, wenn wir Menschen über einen gewissen Zeitraum mit vor allem positiven Erlebnissen erleben, spüren wir ein Gefühl der Zugewandtheit und der Vertrautheit.

Wie aber passen nun temporär zusammengesetzte Teams, schnelllebige Projektprozesse und sich rapide verändernde Umwelten zur Forderung eines langfristigen Beziehungsaufbaus? Mit Blick auf kürzere Halbwertszeiten der menschlichen Zusammenarbeit könnte das schwierig werden. Mit Bezug auf die seit Jahren aufgedeckten und sich quasi durch alle Branchen ziehenden Skandale von Vorständen und Aufsichtsräten bei Großkonzernen ebenso: Hier ist deutlich von einem Vertrauensverlust der Allgemeinheit gegenüber bestimmten Institutionen auszugehen. Solange für Unternehmen das Erreichen materieller Ziele um jeden Preis wichtiger ist als die Verfolgung ideeller Werte, wird es schwierig sein, beschädigtes Vertrauen bei Arbeitnehmerinnen und Kundinnen wiederherzustellen. Wir wollen das zwischen Menschen wichtige Gefühl des Vertrauens keinesfalls entromantisieren, wir verorten es jedoch mehr in den Bereich der persönlichen Beziehungen.

Auch für den Bereich der Wirtschaftswelt plädieren wir also, ein Gefühl des Zutrauens zu erreichen. Emotional etwas weniger tiefgehend und nicht so menschenverbindend wie das leicht zu fordernde, aber langwierig zu entwickelnde Vertrauen hat Zutrauen den Vorteil, dass wir allesamt mehr auf den konkreten Sachbezug als auf die Beziehung selbst schauen. Leitfragen wie »Traue ich mir, traust du dir und trauen wir uns das zu?« stehen im Mittelpunkt der Beziehungsdefinition.

!

Zutrauen ist die Basis

Während ein Vertrauensverhältnis primär die zwischenmenschlich-emotionale Komponente anspricht, bezieht sich Zutrauen mehr auf eine pragmatisch-technische Umsetzung entsprechender Leistungsthemen. Wir glauben, mit diesem Ansatz sogar eine Vielzahl ehrgeizig und wohlwollend agierender Führungskräfte zu entlasten.

Wir alle wissen: Vertrauen muss langwierig und konsequent aufgebaut werden und kann mit einer falschen Entscheidung, oder gar nur mit einem falschen Wort, sehr schnell wieder zerstört werden. Ganz sicher gibt es Konstellationen in Unternehmen, in denen Mitarbeiterinnen aufgrund langjähriger Beziehungen ein tiefes Vertrauensverhältnis empfinden. Das ist selbstverständlich gut und wird durch diese Ausführungen zu keiner Sekunde in Frage gestellt. Unser Ansatz zielt vielmehr darauf ab, gerade bei neu zusammengestellten und sich stets verändernden, crossfunktionalen Teams die Anforderungen der emotionalen Zusammenarbeit nicht von Beginn an überzustrapazieren.

Für viele Mitarbeiterinnen ist es einfach ein gutes Gefühl zu wissen, dass ihre Führungskraft ihnen diese und jene Aufgabe zutraut. Letzteres gilt vor allem, wenn der Schwierigkeitsgrad der Aufgabe erkennbar über den derzeitigen Qualifikationen der Mitarbeiterin liegt. Ähnlich wird es sich auch Kevin-Prince Boateng gedacht haben. Gerade, wenn es mal nicht rund läuft und bestimmte Situationen mich fordern oder sogar überfordern, ist es ein wichtiges und Sicherheit gebendes Gefühl, eine Führungskraft zu haben, die zu mir steht und meine getroffenen Entscheidungen unterstützt.

Im Folgenden richten wir unseren zutrauensvollen Blick auf zwei Aspekte: das Verhältnis der Führungskraft zu seiner Mitarbeiterin sowie das teaminterne Zutrauen der Mitarbeiterinnen untereinander.

6.9 Vom Zutrauen der Führungskraft

Seit Jahren schon wünschen wir uns klare, nachvollziehbare Ergebnisse zu Engagement und Leistung einzelner Mitarbeiterinnen. Bisher konnten weder Versuche der externen Motivation noch geforderte und moderierte Kulturwandel, geschweige denn explizite Fortbildungsangebote, die Leistung der einzelnen Mitarbeiterinnen nachhaltig und signifikant erhöhen. Eine vielbeachtete Studie des ATP Research Institutes aus dem Jahr 2019 untersuchte, worin sich engagierte Mitarbeiter in Unternehmen von nicht engagierten prinzipiell unterscheiden und kam zu einem einfachen und zugleich überraschenden Ergebnis. Das Gefühl der Zugehörigkeit zu einem Team entscheidet über das Engagement einzelner Mitarbeiter. Spitzenteams, so in der Studie zu lesen, zeichnen sich vor allem dadurch aus, dass das »interne Verhältnis zwischen Mitarbeiterin und Führungskraft von einem großen Vertrauen zur Teamleitung« geprägt ist. Das Vertrauen zur Führung wurde dann als besonders stark empfunden, wenn Mitarbeiterinnen das Gefühl hatten, genau zu wissen, was an ihrem Arbeitsplatz von ihnen erwartet wird. Zudem trafen die Studienteilnehmer mit hohen Werten bei vorherrschendem Vertrauen die Aussage, sie würden bei ihrer Arbeit jeden Tag entsprechend ihrer Stärken eingesetzt.

Daraus wird der Wunsch von Mitarbeiterinnen deutlich, von ihren Führungskräften die Aufgaben zu erhalten, die ihren Fähigkeiten am besten entsprechen. Diese Zuweisung von mich fordernden und inhaltlich ausfüllenden Aufgaben deckt das menschlich tief verwurzelte Bedürfnis der individuellen Weiterentwicklung ab.

Wir Autoren haben den Satz »Ich habe einen coolen Chef, der traut mir etwas zu« bereits mehrfach im Laufe unseres Lebens gehört. Und genau hier schließt sich der Kreis zwischen Vertrauen und Zutrauen. Offensichtlich entwickeln Menschen zu Personen, die ihnen anspruchsvolle Aufgaben zuweisen und ihnen damit etwas zutrauen, ein höheres Maß an Vertrauen. Und das unterstützt und fördert das direkte, interne Arbeitsverhältnis sowie meine erbrachte Leistung im positivsten Sinn.

6.10 Belastbare Beziehung zwischen Trainerin und Spielerin

Ein Blick auf den Spitzensport bestätigt die These, dass wirkliche Höchstleistung nur in einem Umfeld möglich ist, in dem die Beziehung zwischen Trainerin und Spielerinnen als belastbar und störungsrobust bezeichnet werden kann. Hierzu lohnt sich ein Blick auf drei verschiedene Ebenen, welche in der Trainerin-Athletin-Beziehung eine wichtige Rolle spielen.

Auf der ersten, emotionalen Ebene müssen Werte wie das viel zitierte Vertrauen, mindestens aber spürbares Zutrauen, und gegenseitiger Respekt im täglichen Umgang gelebt werden. Ohne eine gewisse Sympathie und Nähe der Beteiligten zueinander wird es der Trainerin nicht gelingen, das Feuer in ihrer Mannschaft zu entfachen und diese für den kommenden Weg zu begeistern.

Auf der zweiten, motivationalen Ebene geht es mit Blick auf den gemeinsamen Erfolg darum, den eingeschlagenen Weg auch gegen Störungen gemeinsam weiterzugehen, komme, was wolle. Es muss die gemeinsame Überzeugung vorherrschen, dass das Team mit den ihm zur Verfügung stehenden Mitteln gut genug ist, die gesetzten Ziele zu erreichen.

Auf der dritten und finalen Verhaltensebene zeigt sich dann das Ergebnis der Zusammenarbeit. Hierbei fungiert die Trainerin als Begleiterin für die Athletin, um sie auf ihrem Weg zum Erfolg maximal zu unterstützen. In einer gegenseitigen Rollenerwartung wird geklärt, was beide Parteien auf dem Weg zur Leistungsentwicklung beitragen werden und wofür sie in die Verantwortung gehen.

Zusammengefasst gilt: Eine maximal robuste Beziehung zwischen der Trainerin als Führungskraft und ihrer Athletin wird nur dann entstehen und erfolgreich sein, wenn die Athletin spürt, dass die Trainerin etwas in ihr sieht. Das Gefühl der Athletin, dass die Trainerin ihr eine bestimmte Leistung und damit auch einen bestimmten Erfolg zutraut, wirkt zum einen beflügelnd und stellt zum anderen auch die Basis einer gemeinsamen, stabilen Zusammenarbeit dar.

Es muss daher unser Ziel sein, auf einer zwischenmenschlichen Ebene ein Gefühl bei unseren Mitarbeiterinnen zu erzeugen, dass uns sowohl ihre persönliche Entwicklung als auch der gemeinsame Erfolg in der Teamarbeit wichtig sind.

Bekräftigt wird dies durch den sogenannten Pygmalion-Effekt. Dieser besagt, dass sich die positive Einschätzung einer Person (die Mitarbeiterin ist sehr talentiert) durch eine andere Person (Führungskraft) im Verlauf ihrer Tätigkeit bestätigt. Übersetzen wir dies auf den Businesskontext, sollte uns klar sein, dass wir wahrscheinlich täglich unbewusstes Potenzial in der Organisation verkümmern lassen. Denn allein durch den Umgang und die Annahme, meine Mitarbeiterin sei aufgrund ihrer Fähigkeiten zu dieser oder jener Aufgabe besonders geeignet, erhöhe ich die Wahrscheinlichkeit, dass sie mit der Zeit mehr und mehr geeignet sein wird, diese Aufgabe auch tatsächlich zufriedenstellend zu lösen. Wenn sie es nicht bereits vorher konnte! Auch hier können wir in unsere eigene Vergangenheit blicken und prüfen, welchen Menschen wir gegenüber eher viel Zutrauen für bestimmte Tätigkeiten zugeschrieben haben und welchen eher weniger. Ein Schelm wer Böses dabei denkt, sollten sich unsere Annahmen nicht so bewahrheiten, wie von uns dargestellt.

6.11 Vom Zutrauen im Team

Neben dem beschriebenen Gefühl des Zutrauens zwischen der Führungskraft und ihren Mitarbeiterinnen bedarf es ebenso einer starken inneren Verbundenheit und Sicherheit zwischen den Teammitgliedern. Wir können es vorwegnehmen: Nur wenn wir auch hier robuste und gegen äußere Störungen immune Beziehungen vorfinden, wird es einem Team gelingen, seine maximale Leistungsfähigkeit im harten Wettbewerb abzurufen.

Wieder stoßen wir, wenig überraschend, auf die Beobachtung, dass sich leistungsstarke, erfolgreiche Teams mehr um die gemeinsame Sache kümmern als um das eigene Ego. Nur wenn ich als Mitglied eines Teams spüre, dass es auch allen anderen um mich herum primär um die gemeinsame Vision und das Ziel an sich geht, kann ich meine eigene Energie kompromisslos in die Umsetzung meiner Verantwortungen stecken.

Hierzu bedarf es seitens der Teamführung einer klaren Philosophie mit der klaren Botschaft, dass niemand wichtiger als das Team ist. Nur wenn es mir gelingt, in dem Zusammenhang allen Teammitgliedern eine gleichgeartete Wichtigkeit ihres Beitrags zum Teamerfolg zu vermitteln, ergibt sich die Chance, dass das Team auch intern die verschiedenen Beiträge seiner Mitglieder entsprechend gewichtet. Die erste Einordnung und Einforderung einer solchen Sichtweise kommt daher von der Teamführung. Der Basketball-Trainer Phil Jackson beschreibt den Prozess so:

Erst wenn die notwendige Basis gegenseitigen Vertrauens gelegt wurde, verändert sich die Sichtweise der Spieler und persönliche Befindlichkeiten werden zugunsten eines Wir-Gefühls zurückgestellt.

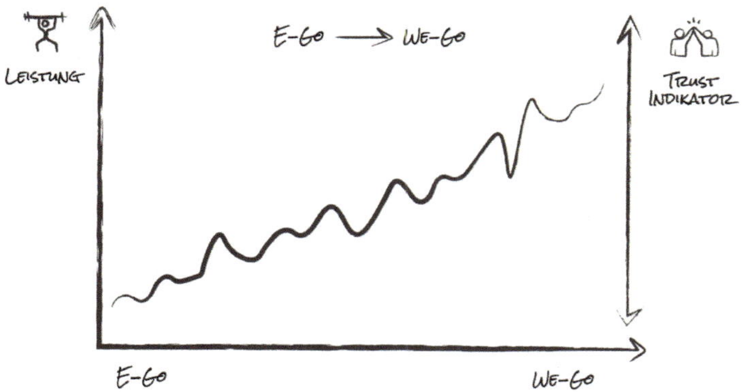

Angelehnt an die Abbildung halten wir also fest: Erst wenn aufgrund gegenseitig anwachsenden Zutrauens ursprüngliche Ego-Gedanken einem Wir-Gefühl weichen, kann auf der Leistungsebene High Performance entstehen. Dieser Prozess benötigt Zeit, auch hier sprechen wir von einem natürlichen Wachstum. Zudem wird diese Entwicklung nie ohne Störungen und alles andere als linear verlaufen. Jeder Prozess in sozialen Systemen unterliegt Schwankungen und stetiger Veränderung, wie wir es bereits anhand der fünf Teamphasen beschrieben haben. Im Einzelfall gibt es Teams, die gewisse Phasen schneller durchlaufen als andere, das mag sein.

Eine ständige Abkürzung zu nachhaltigem Erfolg gibt es jedoch nicht, das können wir vielerorts im Leben beobachten. Es heißt also, sich Zeit zu nehmen, zwischenmenschliche Veränderungen zuzulassen und im Detail immer und immer wieder zu korrigieren, wenn der eingeschlagene Weg durch stark egoistisches Verhalten Einzelner gefährdet wird.

6.12 Fehlendes Zutrauen: Ursache und Lösung zugleich

Der Autor Patrick Lencioni bringt es in seinem Buch »The Five Dysfunctions Of A Team« radikal auf den Punkt. Fehlendes Vertrauen der Teammitglieder untereinander sei die Quelle von insgesamt fünf aufeinander aufbauenden Störungen, welche von Organisationen übersehen werden und dadurch zu Minderleistung im Team führen können. Ob dieses Modell in seiner Härte so greift und eine stringente Abhängigkeit besteht, lässt sich nur im Einzelfall beurteilen. Wir sind jedoch davon überzeugt, dass es in einer Umgebung ohne ausreichendes Zutrauen in die Leistung und das adäquate Verhalten der anderen keine offene und ehrliche Kommunikation geben wird. Genauso kann ohne ein ehrli-

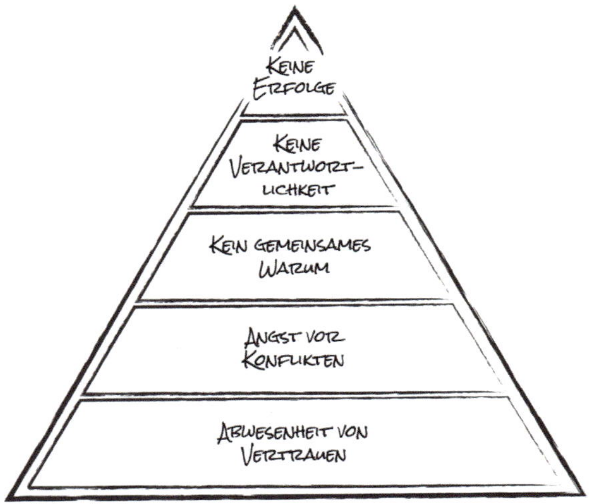

© P. Lencioni

ches Ansprechen von Sorgen und Nöten auch kein Umfeld gegenseitigen Tiefgangs und damit ansatzweiser Vertrautheit entstehen.

Ein klassischer Teufelskreis, weshalb es so wichtig ist, als Teamführung eine Kultur des offenen Dialoges zu etablieren. Sich auf der Sachebene mit Themen und auch untereinander auseinanderzusetzen, führt zur Etablierung einer gesunden Streitkultur. Und eine solche benötigen wir im menschlichen Miteinander. Um die Sache darf und muss sich auch mal gestritten werden, ohne den eingeschlagenen Weg zu verlassen oder die menschliche Beziehung zum Diskussionspartner in Frage zu stellen. In der thematischen Einordnung Lencionis besteht daher kein Zweifel: Die Basis einer jeden Teambeziehung und des Entwickelns gemeinsamer Leistung ist das gegenseitige Verstehen unter Anerkennung der Andersartigkeit der Teammitglieder.

Persönliche Profile, gegenseitige Stärkenzuweisungen und die schrittweise Etablierung transparenter Feedbackprozesse sind Werkzeuge, deren gewissenhafte, sukzessive Etablierung Unterstützung bietet. Sie stärken allesamt die Offenlegung persönlicher Werte und bringen die Beteiligten auf einer persönlichen Ebene in den direkten Austausch. Dies sollte die Grundlage sein, um Menschen verstehen zu lernen und schrittweise nachvollziehen zu können, wie und warum die andere Person so gehandelt hat. Letzteres kann sich als vertrauensbildend herausstellen und zumindest das benötigte Gefühl stärken, anderen die Erledigung bestimmter Aufgaben zuzutrauen.

Mit Blick auf die Herkunft des Wortes Person (griechisch *prosopon*, lateinisch *persona*): In der Antike waren *personas* die Masken, welche Schauspieler aufsetzten, um die Gefühle ihrer Rolle besser zum Ausdruck zu bringen. Wenn wir wollen, dass Personen ihre Masken ablegen und den Menschen zeigen, wer sie eigentlich sind, muss ich sie in ihrem natürlichen Umfeld emotional erreichen, was die persönliche Ebene mit einschließt. Erst durch zwischenmenschlich vertiefte Beziehungen legen Personen ihre Maske ab und spielen keine künstliche Rolle mehr. Diese Zielsetzung lässt sich gut auf der ersten Stufe der Pyramide von Lencioni verorten. Um statt des Schauspielers den Menschen zu erreichen, gebe ich zunächst etwas preis und erreiche dadurch das gegenseitige Ablegen der (Alltags-)Maske.

6.13 Googles »Projekt Aristoteles«

So, wie die bereits erwähnte Google-Teamstudie »Projekt Aristoteles« auf das Phänomen der psychologischen Sicherheit hinweist, sehen wir in diesem Kontext erneut, wie wichtig ein bestimmtes Umfeld ist, um individuell leistungsstark zu sein. Denn nur wenn sich jede Mitarbeiterin sicher sein kann, dass nicht jede noch so kleine Verfehlung zum sofortigen Konflikt mit den Teammitgliedern führt, wird sie in der Lage sein, befreit, risikointelligent und innovativ zu agieren. Wem einmal nach Offenlegung seiner Gedanken von Teammitgliedern über den Mund gefahren wurde, überlegt sich ein solches Verhalten beim nächsten Mal schon genauer. Soll heißen, Teammitglieder stellen bewusst oder unbewusst regelmäßig ein klares Regulativ hinsichtlich des persönlichen Verhaltens und individueller Meinungsäußerungen dar. Zwischen der häufig zu lesenden Forderung, Unternehmen müssten endlich mutiger sein beziehungsweise ihre Mitarbeiterinnen innovativer, und dem tatsächlichen kulturellen Umgang mit Fehlern in Unternehmen besteht mitunter eine große Diskrepanz. Solange sich Mitarbeiterinnen innerhalb eines bestimmten Korridors bewegen und kleine Fehler zum Arbeitsalltag gehören dürfen, wird das Zutrauen in die Leistung der einzelnen offensichtlich nicht gefährdet und Leistung kann sich bewusst entfalten. Unternehmen müssen für sich ganz individuell die Frage beantworten, was genau von einer Fehlerkultur gedeckt ist und wo eine inakzeptable Inkompetenz von Mitarbeiterinnen beginnt. Die Kernaussage der Google-Studie sollten wir alle im Kopf behalten: Höchstleistung entsteht nur in einem Umfeld, in welchem sich Mitarbeiterinnen stärkenorientiert und frei bewegen können und nicht jede Verfehlung zu Konsequenzen oder Sanktionen führt. Dieses Ergebnis weist einen engen Bezug zur gelebten Arbeitskultur innerhalb der Organisation auf und muss von der Teamführung konsequent vorgelebt und verteidigt werden.

6.14 Deine Merker für die Praxis

Wir fassen zusammen:

- Teamentwicklung braucht Zeit. Und sie braucht stetigen Input. Mal mehr, mal weniger, je nach Kontext und Zielsetzung. Beides immer im Blick zu haben, ist deine Verpflichtung und zugleich das Privileg, Wachstum zu begleiten.
- Setze dort an, wo es zählt: auf der persönlichen Ebene. Nur hier kannst du für die nötige zwischenmenschliche Nähe sorgen. Wir wollen unsere Teammitglieder als Menschen und nicht nur als Personen kennen lernen. Also: Masken runter!
- Vermittle Zutrauen. Gib deinen Mitarbeiterinnen stets das Gefühl, dass du etwas in ihnen siehst. Dies beinhaltet die emotionale Botschaft, für eine bestimmte Aufgabe die Kompetenz zugewiesen zu bekommen und Rückendeckung zu erhalten. Wenn sich darüber hinaus ein echtes Vertrauensverhältnis entwickelt, ist das großartig.

Auszeit: Experteninterview mit Prof. Dr. Christoph Schönfelder

Nach dem Studium der Wirtschaftswissenschaften und Psychologie hat Professor Dr. Christoph Schönfelder im Bereich der Soziologie promoviert und den Grundstein für seine Auseinandersetzung mit der Stärkung unternehmerischen Denkens und Handelns gelegt. Christoph ist Professor für Personal- und Organisationsentwicklung an der FOM Hochschule für Oekonomie & Management. Sein aktueller Forschungsfokus liegt auf der Bedeutung von Sinn für das Employee Engagement, der Mitarbeiterbindung und zur Gestaltung von Teamkultur. Wir freuen uns, Christoph, deine Perspektive für dieses Buch an unterschiedlichsten Stellen nutzen zu dürfen.

Lieber Christoph, du sprichst regelmäßig auf großen Kongressen zu High Performance Teams und hältst Keynotes auf führenden Events wie dem Change Congress. Welche deiner Botschaften kommen hier besonders in Resonanz?

Christoph Schönfelder: Zwei Botschaften resonieren hier am stärksten: Zum einen muss die Kompetenzorientierung der Unternehmen um die persönliche Sinnorientierung erweitert werden. Nur in dieser Kombination entfaltet sich die Lust an Entscheidungen, die Voraussetzung für unternehmerischen Erfolg ist. Zum anderen sind Wertediversität in Teams, persönlicher Freimut und Offenheit die Grundlagen zur Lösung komplexer Herausforderungen.

Aus deiner wissenschaftlichen Sicht, wie sieht die optimale Ansprache und Begleitung unserer Teams aus, damit eine möglichst große Schnittmenge zwischen dem Gewollten und dem Erzielten entsteht?

Auch hier sind für mich zwei Voraussetzungen für die Zielerreichung notwendig. Die Klarheit, bezogen auf das gemeinsame Anliegen sowie die Entscheidungsfreude, bezogen auf die notwendige Entwicklungsdynamik.

Wir stoßen bei deinen Ausführungen zu Teams immer wieder auf deine Beschreibung des Sinns der Arbeit. Kannst du das für unsere Leserinnen etwas ausführen und konkretisieren?

Gern. Der Sinn der Arbeit entfaltet sich primär dort, wo die eigene Werteorientierung und persönliche Passion mit dem Anliegen koppelt, welches ich im Arbeitskontext verfolge. Ist dies der Fall, entfalten sich – so zeigen unterschiedliche Studien – ganz unterschiedliche Wirkungen, z. B. auf das Employee Engagement, die persönliche Zufriedenheit oder die Bindung zum Unternehmen. Somit sollten Unternehmen bemüht sein, den Beschäftigten eine Hilfestellung zu geben, den eigenen Sinn der Arbeit zu finden und diesen mit dem individuellen Beitrag für das gemeinsame Anliegen verbinden zu können.

Was bedeutet es für dich, Verantwortung im Team zu übernehmen?

Erkenne, was gerade notwendig und hilfreich für das Team ist und handle fokussiert und mit Leidenschaft in Entscheidungskontexten. Gelingt dir das, trägst du Verantwortung.

Der Rundfunk Berlin-Brandenburg (RBB) hat dich kürzlich, gemeinsam mit anderen Experten, zur Aufstellung von optimalen Teams für Marsmissionen interviewt. Sehr spannend! Kannst du unsere Leserinnen hieran teilhaben lassen?

Es wurde hier die Frage gestellt, wie ein Team zusammengestellt werden muss, damit es möglichst zielführende Entscheidungen trifft. Meine Antwort: Es bedarf eines Teams mit folgenden Kennzeichen: different in Werten und Expertisen, vereint in Neugier und Wahrnehmungssensibilität.

Hier zudem noch die drei Vergleichsfragen, die wir allen Experten stellen.

Wenn du es so kompakt wie möglich beschreiben müsstest, was macht für dich ein High Performance Team aus?

Ein Zusammenschluss von Personen, die sich und andere feiern können, Lust an eigenen Entscheidungen haben, Freude am Lernen besitzen und Klarheit über das gemeinsame Anliegen des Teams verspüren.

Welches war die beeindruckendste Teamleistung, die du im unternehmerischen Kontext miterleben durftest?

Da gibt es für mich kein einzelnes Highlight, welches ich hier fokussieren kann. Es gab jedoch viele Situationen, in denen ich mit unterschiedlichen Personen die in der vorherigen Frage aufgeführten Punkte erleben durfte. Es kam in diesen Kontexten zu vielen magischen Momenten, die ich bis heute in mir trage. Genau diese magischen Momente sind meine ganz persönlichen Energiequellen, warum mir Arbeit so viel Freude bereitet.

Warum lohnt es sich für Menschen auch zukünftig in Führung und Verantwortung in Teams zu gehen?

Grund 1: Reziprozität ist gattungskonstitutiv. Wir benötigen die Wechselseitigkeit von Mensch zu Mensch. *Grund 2*: Gelungene Kooperation beflügelt. Sie ist gerade in gesellschaftlichen Rahmungen notwendig, die sich nicht immer nur erhellend gestalten. *Grund 3*: Materialisierung von Gedanken, dies ist häufig im Kontext unternehmerischen Handelns notwendig, ist schlicht faszinierend und auf Grundlage der aktuellen Komplexität in vielen Bereichen nur noch durch ein Team nachhaltig zu bewältigen.

7 Mit Spielprinzipien zu Höchstleistung

In der Praxis erleben wir eines besonders häufig: Teams, die in den architektonischen Grundzügen bereits gut funktionieren, kämpfen dennoch mit zwei zentralen Herausforderungen: Entscheidungs- sowie Anpassungsgeschwindigkeit!

Beide Herausforderungen gehen auf die steigende Komplexität im Alltag und die zunehmende Existenz von Mehrdeutigkeit im Teamalltag zurück und beide treffen auf ein grundsätzliches Missverständnis. Nämlich die Überzeugung, dass Prozesse, die ihren Ursprung in der Industrialisierung hatten, auch auf die Herausforderungen der modernen Arbeitswelt eine adäquate Antwort hätten.

Nachdem 2010 in der großen IBM CEO-Studie Komplexität als Problem Nummer eins herausgearbeitet wurde, steht dieses weiterhin für den maßgeblichen Treiber von Sorgenfalten auf den Vorstandsetagen und Führungsebenen. Etwas unterschätzt wird aus unserer Sicht ein weiteres Problem: die Mehrwahrheit in unseren Teams aus Experten, auf das wir später noch eingehen werden. Dies merken wir besonders auf unbekanntem Terrain, wie etwa der Corona-Krise. Hier galt es für interdisziplinäre »Teams«, kurzfristige Entscheidungen zu treffen und das Land den Bedingungen schnell anzupassen, obwohl die Faktenlage nicht gesichert war. In weniger dramatischer Tragweite kennt das jedes Team. Wissen und Prozesse bringen uns nur begrenzt weiter, wenn Mediziner, Politiker, Virologen, Ökonomen und Verfassungsrechtler aus ihren jeweiligen Perspektiven argumentieren und vermutlich alle für sich genommen recht haben. Unser Verdacht aus der Teampraxis: In Komplexität und Mehrwahrheit liegt ebenfalls ein Grund für die stetig zunehmende Anzahl an Meetings und gefühlt endlosen Videokonferenzen.

Aber was hilft Teams in solchen Situationen? Was hat der Bundesregierung geholfen? In diesem wichtigen Kontext sind wir tatsächlich überzeugt, mit Spielprinzipien eine entscheidende, neue Säule erfolgreicher Teamarchitektur zu beschreiben, die den Umgang mit Komplexität und Mehrwahrheit in Teams ermöglicht.

Bevor wir hierauf weiter eingehen und die aufgeworfenen Fragen beantworten, möchten wir gerne mit folgendem Artikel einleiten, den der von uns Autoren sehr geschätzte Vordenker Lars Vollmer im April 2020 in seiner Kolumne unter www.larsvollmer.com veröffentlicht hat und den wir hier mit freundlicher Genehmigung, etwas abgeändert, erneut abdrucken dürfen.

7.1 Wie du garantiert ein Fußballspiel verlierst

Komplexität gilt nach wie vor als großes Schreckgespenst der Wirtschaft. Immer wieder kann man Satzfragmente hören wie »... werden wir unsere Komplexität in den nächsten Jahren deutlich senken müssen ...« oder »... haben wir einen Plan zur Komplexitätsbeherrschung aufgestellt ...«. Warum die Annahme, man müsse Komplexität senken oder einen Plan zu deren Beherrschung aufstellen, Unsinn ist, versuchen wir mit der Analogie Fußball zu erklären.

Fußball eignet sich aus vielen Gründen für derartige Gleichnisse: Die Spielregeln sind leicht zu verstehen – bis auf Abseits – und die moderne Berichterstattung erlaubt eine unglaubliche Übersicht über fast alle Facetten des Spiels. Das Fußballspiel selbst, nicht nur das ganze Business drum herum, ist hochkomplex: kontingent, unvorhersehbar, voller Überraschungen, immer subjektiv, zwar beeinflussbar, aber nie kontrollierbar oder beherrschbar. Wo sonst kann man den Unterschied zwischen *Wissen* und *Können* so eindrucksvoll und unmittelbar erleben? Und so eignet sich dieser Rasenballsport vortrefflich, um über Strategien für den Umgang mit Komplexität zu sprechen. Denn Fußball ist alles andere als eine Maschine. Letztere ist allein mit ausreichendem Wissen beherrschbar, ihr Verhalten ist kausal, vorhersehbar, für den Experten frei von Überraschungen, objektiv, eindeutig beschreibbar und voller Wenn-dann-Beziehungen.

Wie eingangs erwähnt: Das Thema Komplexität ist derzeit in aller Munde. Und nahezu immer wird der Wunsch geäußert, die Komplexität zu reduzieren. Übertragen wir das mal – rein hypothetisch, bitte! – mit folgender Frage auf die Kickerei: Welche grundsätzlichen Möglichkeiten gäbe es, die Komplexität eines Fußballspiels drastisch zu reduzieren? Oder anders ausgedrückt: Wie könnte man ein komplexes Fußballspiel zu einem lediglich komplizierten Spiel machen?

Hast du schon ein paar Antworten parat? Vielleicht: »Die Anzahl der Spieler reduzieren!« – Fehlanzeige. Es würde komplex bleiben. So komplex wie beispielsweise Basketball beim fünf gegen fünf oder wie Beachvolleyball beim zwei gegen zwei. Vielleicht: »Das Spielfeld verkleinern!« – Nein, auch das würde kaum etwas ändern, wie uns gute Tischtennismatches eindrucksvoll zeigen. Oder: »Spielzeit verkürzen!«, »Ball vergrößern!« – Leider wieder nein, das sind alles keine wirksamen Optionen.

Die wirksamste Möglichkeit, aus einem komplexen Spiel ein kompliziertes Spiel zu machen, lautet: Regeln hinzufügen. Möglichst viele Regeln am besten. Wollen wir mal gemeinsam spinnen? Welche Regeln könnte man einer Mannschaft auferlegen?

- Wir teilen das Spielfeld in Planquadrate auf, sagen wir mal 714 Quadrate á 10 m^2 (die FIFA-Norm eines Spielfeldes beträgt 105 x 68 m – wieder was gelernt).
- Jeder Spieler darf nur ganz bestimmte Planquadrate betreten, Toni Kroos als Mittelfeldspieler beispielsweise nur acht Planquadrate rund um den Mittelkreis.
- Wenn der Ball von rechts angespielt wird, darf man, solange man im Ballbesitz ist, das links neben einem liegende Planquadrat betreten. Eine Ausnahme besteht: wenn der Ball vom Torwart kommt.
- Jeder Spieler muss den Ball mindestens fünf Sekunden halten und darf in der Zeit das Planquadrat, in dem er den Ball erhalten hat, nicht verlassen.

- Der rechte Mittelfeldspieler darf den Ball nur zum Mittelstürmer oder zurück zum rechten Innenverteidiger passen. Passt er zu einem anderen Spieler, bekommt die gegnerische Mannschaft einen Fünfmeter (aus elf Metern schießt man zu häufig daneben).
- Jeder Torschuss sowie die Torschussrichtung müssen beim Schiedsrichter angemeldet werden. Mindestens fünf Minuten vorher. Der Torwart muss seinerseits vor dem Schuss festlegen, in welche Richtung er sich schmeißen wird.
- Der am Spielfeldrand stehende Sportdirektor ist nicht nur für die Regeleinhaltung der Mannschaft verantwortlich, sondern er muss zudem alle fünf Minuten, während einer obligatorischen Auszeit, zwei zusätzliche Regeln bei seiner Mannschaft etablieren.

So langsam macht es Spaß, oder? Wir brauchen noch ca. 100 weitere Regeln und schon dürfte die Komplexität weitestgehend aus dem Spiel heraus sein: kaum noch Überraschungen, stark objektivierbar, gut zu beherrschen. Mit zusätzlichen 250 Regeln ließe sich das Spiel dann vielleicht sogar schon automatisieren. Eine schräge Vorstellung, oder? Klar ist: Dieses langweilige Spiel will sicher keiner mehr sehen.

Aber jetzt wird es doch noch spannend: Stellen wir uns nun vor, dass nach der Halbzeitpause (falls es die überhaupt noch geben sollte) die gegnerische Mannschaft beginnt, nach und nach die neuen Regeln wieder aufzulösen, ohne Ahnung des Unparteiischen. Zuerst melden die Stürmer ihre Torschüsse nicht mehr an. Dann behalten die Spieler den Ball nicht mehr fünf Sekunden am Fuß, sondern passen sofort weiter. Und schließlich löst die Gegenmannschaft den Zwang auf, sich innerhalb der Planquadrate zu bewegen. Was würde wohl passieren?

Hier ist sicherlich einiges an Reaktionen vorstellbar. Wut, Gezeter und Beschimpfungen wären die ersten emotionalen Reaktionen. Dann würde der Sportdirektor vielleicht den Oberschiedsrichter anrufen. Und was würde auf dem Platz passieren? Wie würde Toni Kroos darauf reagieren, dass sich der gegnerische Spieler plötzlich mit dem Ball am Fuß völlig frei um ihn herumbewegen kann?

Hier ist die Antwort recht sicher: Er würde seinerseits beginnen, die Regeln zu missachten. Er würde bemerken, wann es für das Spiel und für das Ergebnis seiner Mannschaft wichtig wäre, kurzzeitig aus dem Regelwerk auszuscheren. Vielleicht würde er nur mal kurz die Grenzlinie seines Planquadrates mit einem Fuß verlassen – allein schon aus dem Ehrgeiz heraus, selbst nicht als Verlierer dazustehen. Und womöglich würden es ihm andere Spieler nach und nach gleichtun. Was jetzt?

Darf das so sein? Wie würdest du darauf reagieren? Und wie reagiert unser fiktiver Sportdirekter auf die Situation? Wenn er dem Glaubenssatz verfallen wäre, dass nur eine niedrige Komplexität zum Spielerfolg führt und er gedanklich nur über das Instrumentarium des modernen Managements verfügt, müsste er zunächst mit einer Purpose-Initiative, dann mit wertschätzenden Gesprächen, später mit professionell begleiteten Coachings und schließlich mit Sanktionen reagieren.

Damit ist nicht gleich der Aufbau eines stromführenden Zaunes um die Planquadrate herum gemeint. Aber der Sportdirektor würde dann vermutlich Manuel Neuer – als Kapitän der Mannschaft – auffordern, in jeder Auszeit einen Bericht vorzulegen, wie häufig sich ein Spieler außerhalb seines Bereiches aufgehalten hat. Am besten mit einer Ampelgrafik dazu.

Falls sich die Überschreitungen häufen, könnte der Kapitän auch für jeden Mannschaftsteil (Abwehr, Mittelfeld, Angriff) einen Gruppenleiter bestimmen, der die Regeleinhaltung direkt auf dem Platz kontrolliert. Oder es könnten individuelle Anreize geschaffen werden. Dazu würde der Sportdirektor im Vorfeld natürlich mit jedem Spieler ein individuelles Zielgespräch führen und den jeweiligen Beitrag zum Gesamtergebnis definieren und so weiter. Ist nachvollziehbar, oder?

Glückwunsch, nun haben wir uns mit unserem Gedankenexperiment schon ziemlich weit vorgekämpft. Aber wie finden wir jetzt wieder zurück? Vielleicht nimmt uns William Ross Ashby ein kurzes Stück an die Hand und zeigt uns einen Weg. Der Amerikaner Ashby war wohl einer der bedeutendsten Kybernetiker. Seine Bücher »Design for a brain« (1952) und »Introduction to Cybernetics« (1956) gelten als Schlüsselwerke für die Wissenschaften von komplexen Systemen.

Ashby hat mit seinen Wissenschaftskollegen Pythagoras, Heisenberg und Newton gemein, dass ein Satz, eine Relation, ein Gesetz ihren Namen trägt. Ashbys »Law of Requisite Variety« lautet in seiner populistischsten Formulierung: »Only variety can destroy variety.« – Nur Vielfalt kann Vielfalt zerstören. Auf uns übertragen: In einer komplexen Welt gibt es nur eine erfolgversprechende Antwort: selbst komplexer werden.

Nun gibt es für den Sportdirektor unserer Fußballmannschaft zwei Strategien, mit Ashbys Gesetz umzugehen:

Strategie 1: Die Erkenntnis, die dem Gesetz zugrunde liegt, ignorieren beziehungsweise heftigst leugnen. Das kann man übrigens auch mit dem Newtonschen Gesetz tun – nur die Folgen dürften schmerzhaft sein.

Strategie 2: Die Regeln weitestgehend durch Prinzipien ersetzen. Ein Prinzip für einen Angriffsspieler könnte heißen: Der Stürmer ist immer auch der vorderste Abwehrspieler. Damit kann ein intelligenter Spieler etwas anfangen. Das Prinzip gibt Orientierung und lässt eine immense Zahl von Handlungsoptionen offen. Außerdem beschränkt es das Zusammenspiel des Teams nicht, es sind also schier unendlich viele Interaktionen zwischen den Spielern möglich. Und genau das fördert die Komplexität.

Strategie 2 scheint uns der richtige Ansatz zu sein.

7.2 In (Spiel-)Prinzipien denken!

Die Herleitung von Lars Vollmer bringt es auf den Punkt. Nur Spielprinzipien ermöglichen den intelligenten Umgang von Teams mit Komplexität und unerwarteten Herausforderungen. Ein starres Regelkorsett, wie wir es in vielen Unternehmen und Teams erleben, besiegt zwar die Komplexität in der Theorie, doch zeigt unser Fußball-Gedankenspiel, wie sinnlos dieser Versuch ist.

Doch was ist eigentlich ein Prinzip? Per Definition ist ein Prinzip etwas, aus dem etwas anderes seinen Ursprung hat. Es stellt somit eine Gesetzmäßigkeit dar, die anderen Gesetzmäßigkeiten übergeordnet ist und auf diese angewendet werden kann. Verstehen wir also das Prinzip, dann verstehen wir auch dem Prinzip ähnliche Aktionsräume. Dies macht es uns schneller möglich, auf Dinge zu reagieren, die wir noch nicht kennen. Wir suchen dann nach einem ähnlichen Prinzip, das wir bereits kennen und wenden es auf die neue Situation an.

Um noch einmal auf die Corona-Krise zurückzukommen: Das wichtigste Leitprinzip der Bundesregierung war wohl das Grundgesetz, welches half, die einzelnen Fachbereiche (Virologie, Volkswirtschaft etc.) gegeneinander abzuwägen und schnelle Entscheidungen und Anpassungen möglich zu machen.

Dabei merken wir in diesem Fall genau wie in jedem Teamkontext: Es gibt selten ein richtig oder falsch. Das entscheidet der Erfolg im Nachhinein. Eines ist jedoch sicher: Wenn Teams nicht schnell entscheiden und flexibel agieren, wird High Performance unmöglich. Statt also in festgelegten Prozessen zu denken – seit Beginn der Industrialisierung ein dominantes Vorgehen –, erfordert unsere heutige, sehr volatile und schnelle Welt ein prinzipienbasiertes Denken und Handeln, insbesondere bei komplexen Aufgaben. Beides basiert auf den genannten Säulen der Teamarchitektur sowie auf einem stabilen Wertegerüst der Einzelnen, einem gemeinsamen Anliegen, echtem Vertrauen und funktionierender Rollenklarheit im Team. Die Botschaft ist dennoch simpel.

Wir halten fest !

Bringen wir Teams bei, in Spielprinzipien statt Prozessen zu denken und eröffnen wir Mitarbeiterinnen einen klaren Handlungsspielraum, in dem sie sich frei und intuitiv bewegen können.

Jetzt wird klar, warum wir zunächst die anderen Säulen der Teamarchitektur etablieren beziehungsweise entwickeln müssen, bevor das Denken in Prinzipien sowie das Agieren in Handlungsspielräumen möglich wird.

Denn natürlich kann nur eine Mitarbeiterin, die einen Sinn in ihrer Arbeit auf einer bestimmten Position sieht, auch entsprechend erfolgreich in intuitiven Handlungsspielräumen agieren. Und natürlich benötigen deine Mitarbeiterinnen ein Höchstmaß an Zutrauen und Orchestrierung untereinander, um sicher zu sein, dass auch die anderen Handlungsspielräume gut und erfolgreich bespielt werden und keine offenen Flanken entstehen.

Doch wie kommst du konkret zu solchen Spielprinzipien im Team und etablierst die genannten Handlungsspielräume?

7.3 Spielsituationen antizipieren, statt Hierarchien zu manifestieren

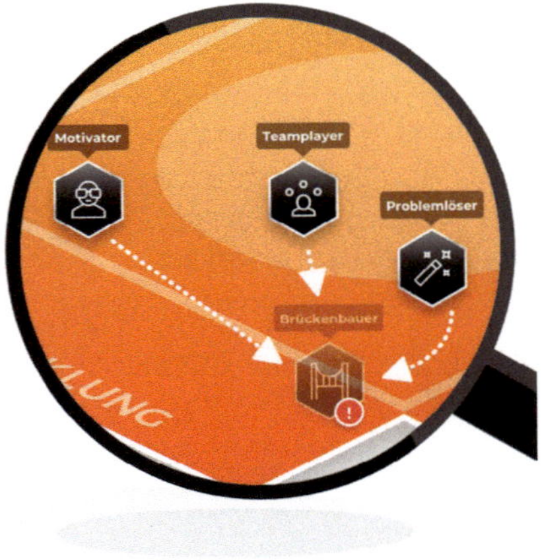

Wie wir bereits in Kapitel 3 (Rollenklarheit) herausgearbeitet haben, stellt Rollenambiguität in Businessteams ein häufiges Problem dar, während Sportteams viel seltener damit kämpfen. Daher ist es von großer Bedeutung, eine ähnliche Klarheit über die Positionen im Businessteam zu schaffen. Wenn Teammitglieder wissen, was von ihnen erwartet wird, welche Aspekte ihrer Position am wichtigsten sind und wie diese Position zu den übergreifenden Teamzielen beiträgt, wird das gesamte Team deutlich engagierter und effektiver arbeiten.

Dein Team erlebt Klarheit in seinen Rollen, wenn jede Mitarbeiterin ein klares Verständnis dazu hat, wofür sie da ist und was von ihr erwartet wird. Es geht also vor allem darum, häufig entstehende Situationen detailliert zu erarbeiten. Wir sprechen an dieser Stelle auch gerne von Spielsituationen. Dabei spielt das Team unter Moderation der Führungskraft bestimmte Situationen durch, zum Beispiel die Aufnahme einer neuen Idee im Team, die anschließend »verarbeitet« werden soll. Beim sogenannten Ideentransfer im Team stellen wir besonders die Positionen in den Fokus des »Trainings«, mit denen die Teammitglieder entsprechend ihrer Positionen und Handlungsspielräume üblicherweise betraut werden. Gelingt dieses Training erfolgreich, entsteht ein neues Handlungsmuster für Einzelpositionen und einzelne Mitarbeiterinnen, aber auch zwischen beteiligten Mitarbeiterinnen, das dann auf ähnliche Situationen repliziert und angewandt werden kann.

So verhält es sich auch bei Leistungssportteams, denn kein Angriff ist wie der andere. Dennoch ähneln sich gewisse Handlungen und Muster und Erlerntes wird anwendbar. Dafür müssen deine Mitarbeiterinnen erkennen:

- Wer ist zuständig (Handlungsspielraum)?
- Wer ist beteiligt (Passwege/Kooperation mit Kollegen)?
- Welche Prinzipien setze ich ein (intuitive und trainierte Handlung)?

So entstehen diverse Spielsituationen, die kontinuierlich trainiert und auf ihre Aktualität geprüft werden. Das Team wird immer eingespielter, immer besser und vor allem immer autonomer! Das ist in einer komplexen Welt besonders wichtig, denn in der Aktion – wenn eine Spielsituation auftritt – ist es ineffizient, als Führungskraft zu intervenieren. Eingreifen, steuern und führen ist Teil des vorherigen Trainings oder der nachfolgenden Retrospektive. Kurz vor Abschluss eines Angriffs ist die Trainerbank besonders ruhig. Das ist der Moment, in dem die beteiligten Positionen auf sich gestellt sind.

Was die Anzahl dieser Spielsituationen angeht, haben wir in der Praxis unterschiedliche Erfahrungen gemacht. Manche Teams agieren in heterogeneren Handlungsspielräumen schneller als andere. Hier gibt es auch kein richtig oder falsch. Im Durchschnitt sprechen wir erfahrungsgemäß von sechs bis achtzehn Spielsituationen, die es je Team zu erkennen, zuzuordnen und zu trainieren gilt.

7.4 Die Herausforderung von Mehrwahrheit in Teams

In den beschriebenen Handlungsrahmen wird jede Mitarbeiterin zur Expertin für eine Spielsituation, agiert autonom und macht eine klassische Hierarchie – jedoch nicht die eigentliche Führung – überflüssig. Dies entspricht einem wichtigen Trend, den du dir als Führungskraft in deinem Team zunutze machen kannst: Mehrwahrheiten!

Mehrwahrheit oder Mehrdeutigkeit einer Faktenlage macht falsche Interpretationen und Entscheidungen wahrscheinlicher. Die Wirklichkeit von Teams in heutiger Zeit zeichnet sich durch eine Zunahme von Ambiguität aus, was auf verschiedene Gründe zurückzuführen ist.

Professor Dr. Christoph Schönfelder, dessen Erkenntnisse wir hier nutzen dürfen, ist führend im Bereich der Mehrdeutigkeit in Teams und konnte in seiner Forschung verschiedene Gründe für eine Zunahme von Mehrdeutigkeit finden.

Grund 1: Veränderte Struktur der Wissensumwelt
Primärer Grund für die Zunahme von Mehrdeutigkeit beziehungsweise Mehrwahrheiten ist die veränderte Struktur der Wissensumwelt, in deren Folge es erstens zu Expansion (Ausweitung), zweitens zu Fragmentierung (Zersplitterung) und drittens zu Globalisierung von Wissen kommt.

Kern jeder Wissenschaft ist die Erkenntnisgenerierung. Sichtbar wird dies neben dem wachsenden Anteil an Forschungsmitarbeiterinnen durch die steigende Anzahl an Veröffentlichungen. Durch die verstärkte Investition und die immer vielfältigeren und besseren technologischen Möglichkeiten, welche die Erkenntnisgenerierung unterstützen und beschleunigen, kommt es folglich zum exponentiellen Anstieg des Wissens. Dementsprechend hat sich auch der prozentuale Anteil von Forschungs- und Entwicklungsmitarbeiterinnen in westlichen Industrieunternehmen in den letzten 30 Jahren verdoppelt, was wiederum dazu beiträgt, dass auch die Entwicklung neuer Technologien stark ansteigt.

Die Expansion des Wissens bedingt eine zunehmende Spezialisierung und somit Wissenstiefe in den einzelnen wissenschaftlichen Disziplinen. Durch diese Spezialisierung und Fragmentierung von Fachwissen kann es zu Verständigungsschwierigkeiten auch zwischen den Vertreterinnen innerhalb einer Disziplin kommen, da jede für sich Erkenntnisse generiert, die nicht immer in Einklang zu bringen sind. Die zunehmende Spezialisierung und Wissenstiefe wirkt sich aber, in Verbindung mit den Entwicklungen der Informationstechnologien, auch positiv auf den Erfolg innovativer Projekte aus.

Ein weiterer Grund für die Zunahme von Mehrdeutigkeit ist die Globalisierung des Wissens, die wiederum eine Konsequenz der wirtschaftlichen Globalisierung ist. Raum- und Zeitdifferenzen spielen auch beim Wissenstransfer eine immer geringere Rolle. Die Globalisierung führt dazu, dass verfügbare Informationen wie die Zahl an Produkten und Produktionstechnologien kaum noch zu überblicken sind.

Grund 2: Der Wissensfokus ändert sich

Neben der Struktur der Wissensumwelt verändert sich der Wissensfokus. Erfolgsrelevantes Wissen wird *flüssig*. Dies hat zur Konsequenz, dass das aktuelle Wissensmanagement den Fokus auf implizites Wissen legt. Die Verfügbarkeit von *festem* Wissen und insbesondere der Wissenstransfer sind allerdings entscheidende Parameter im Unternehmensalltag. Lösen wir diese Begrifflichkeiten einmal auf.

Formulierbares, dokumentiertes und jederzeit reproduzierbares Wissen ist *fest* und bildet das explizite Wissen ab. Dieses kann systematisch vermittelt und aktiv angeeignet werden. Explizites Wissen ist primär spezifisches Fach- oder Methodenwissen und kann relativ unproblematisch dokumentiert und archiviert werden. Der Transfer kann so mithilfe von spezifischen Anweisungen, Dokumenten oder durch Informations- und Kommunikationstechnologien gelingen.

Implizites, *flüssiges* Wissen hingegen ist schwer formalisierbar und kann nicht systematisch erfasst und vermittelt werden. Zum impliziten Wissen gehören kognitive Fertigkeiten und Fähigkeiten, die nicht datenbasiert, sondern kontextspezifisch und erfahrungsbasiert sind und daher auch mehr Raum für Mehrwahrheiten eröffnen als explizites Wissen. Der Transfer von implizitem Wissen kann aufgrund seines flüssigen Zustandes nicht durch Anweisungen oder dergleichen gelingen, sondern bedarf intensiver Interaktionsprozesse. Zentrale Ursprünge hierfür sind:

- Die Arbeitswelt, in der eine Mitarbeiterin ihre gesamte berufliche Laufbahn in einem Unternehmen verbringt, hat sich gewandelt.
- Die Fluktuation von Mitarbeiterinnen ist stark angestiegen, was mit Wissenszuwachs, aber auch mit Wissensverlust einhergeht.
- Unternehmen zeichnen sich mehr und mehr durch dezentrale Strukturen aus. Die Dezentralisierung führt zu einer erhöhten Anzahl an Schnittstellen, die besondere Anforderungen an den Wissensaustausch stellen. Zudem ist der direkte Wissensaustausch vor Ort nur noch eingeschränkt möglich.
- Die Globalisierung des Wissens macht unzählige Wissensquellen verfügbar, die gefiltert und in das Unternehmenswissen integriert werden müssen, um dieses effektiv nutzen zu können und wettbewerbsfähig zu bleiben.

Grund 3: Deregulation

Der dritte Grund für die Zunahme von Mehrwahrheiten ist die Deregulation, die die Herstellung individuellen Wissens fördert, welches die Ambiguität der Faktenlage erhöht. Deregulierungen finden sich bereits in früheren Epochen. Bei Einführung der ersten Automobile etwa regelte das britische Parlament den Betrieb der Automobile zunächst im Lokomotivgesetz. Autos durften demnach in Städten und Gemeinden nicht schneller als zwei Meilen pro Stunde fahren. Eine Person musste dem Auto darüber hinaus mit einem Mindestabstand von 60 Yard (knapp 55 Meter), eine rote Flagge schwenkend, voranlaufen, um Reiter und Kutscher vor dem Gefährt zu warnen. Nachdem die Vorteile des Autos immer deutlicher zutage traten, wurde das Gesetz schließlich im Jahre 1896 gelockert, der Betrieb von Automobilen also teilweise dereguliert. Ein weiteres Beispiel ist die Deregulation bezüglich der Nutzung des Luftraumes. So sah das Recht ursprünglich vor, dass das Landeigentum vom Mittelpunkt der Erde bis in den Himmel reichte. Ein Flugzeug hätte sich demnach den Durchflug des Luftraumes vom Eigentümer genehmigen lassen müssen – eine Reglementierung, die die Luftfahrt im heutigen Ausmaß wohl nicht möglich gemacht hätte. Der amerikanische Kongress erkannte das Problem und beschloss 1940, dass der Luftraum jedem frei zur Verfügung steht und eine Überfluggenehmigung vom Eigentümer nicht erforderlich ist.

Auch heutzutage haben Unternehmen häufig Regeln und feste Verfahren zur Qualitätssicherung von Prozessen und Produkten. Zudem legt die Gesetzgebung in vielen Bereichen Standards fest, wie etwa für die Aus- oder Weiterbildung. Gleichzeitig wird Fachwissen immer stärker kodifiziert. Jeder Mensch hat Zugang zu einer enormen Menge an Wissen und kann sich darauf aufbauend Fähigkeiten aneignen. Wissen ist somit immer weniger Herrschaftswissen.

7.5 Zwischenbilanz: Spielprinzipien eröffnen die höchsten Leistungsräume

Spielprinzipien stellen die höchste Entwicklungsstufe von Teams dar und natürlich macht die Entwicklung solcher Prinzipien von Anfang an Sinn. Doch ihre wahren Möglichkeiten entfalten sie erst, wenn die übrigen Grundsäulen der Teamarchitektur ausreichend entwickelt sind. Daher ist es stets von Bedeutung, alle Aspekte der Teamarchitektur in den Blick zu nehmen. Dann allerdings sind Spielprinzipien durch ihre Flexibilität die einzige Möglichkeit, um die beiden zentralen Herausforderungen, Entscheidungs- und Anpassungsgeschwindigkeit, auf höchstem Niveau zu lösen und mit Komplexität und Mehrwahrheit umzugehen. Lösen wir uns also endgültig von alten Denkmustern aus Zeiten der Industrialisierung und vergessen wir im Kontext moderner Teamführung festgelegte Prozesse. Prinzipien ersetzen diese in deutlich effizienterer Art und Weise.

! **Plakativ gesagt**

Spielprinzipien sind Teamprozesse 4.0.

7.6 Auf welchem Spielfeld willst du spielen?

Wir glauben an das Etablieren von Prinzipien, um komplexe Situationen zu lösen. Doch wie gelingt uns das in diesen turbulenten Zeiten, die gespickt sind mit Krisen, personellen Veränderungen und sich ständig ändernden Geschäftsmodellen, auch im Wettbewerb? Wie gelingt es mir als Teammitglied, aber auch als Unternehmen, meinen Fokus auf das Wesentliche zu bewahren, um die trainierten und etablierten Prinzipien auch situativ einzusetzen?

Anders angenähert: Was haben die Sirenen aus Odysseus, John McEnroe und soziale Netzwerke wie Instagram gemeinsam? Alle drei waren oder sind bekannt dafür, Ablenkung bewusst zu provozieren, um Aufmerksamkeit zu erzielen. Alle drei verfolgen das Ziel, ihre Adressaten zu ihren »Kunden« zu machen und deren Blick komplett auf sich zu richten.

Energy flows where attention goes.
Tony Robbins

Wer seine Aufmerksamkeit jedoch zu sehr auf externe Faktoren und damit zu weit weg von der eigenen Leistung richtet, läuft Gefahr, Kontrolle über sein Handeln zu verlieren. Eine Kernfrage lautet: Womit sollten und wollen wir uns tagtäglich beschäftigen und wie gelingt es uns, die Aufmerksamkeit bei uns und unseren avisierten Zielen zu belassen? Als Metapher aus der Sportwelt übertragen wir das Bild zweier imaginärer Spielfelder auf das Leben: das grüne und das rote Spielfeld.

Das grüne Spielfeld steht für ein Idealspielfeld. Auf diesem agieren die Beteiligten selbstbestimmt, fokussiert und stets mit voller Kontrolle über ihre nächsten Handlungsschritte. Auf dem grünen Spielfeld kennt jede Mitspielerin ihre Aufgaben bis ins Detail und verfügt sowohl über die Autonomie als auch die nötige Selbstsicherheit, um die ihr übertragenen Aufgaben selbständig zu erledigen. Dieses Spielfeld ist weitestgehend frei von Störungen und äußeren Einflüssen und es gelingt den Protagonistinnen, stets einen klaren Kopf zu behalten. Alle auf dem grünen Spielfeld befindlichen Teammitglieder richten ihren Fokus und ihre Energie dauerhaft auf das Erfüllen ihrer Handlungsziele. Da Handlungsziele, und das lässt sich im High-Performance-Kontext gar nicht häufig genug betonen, nur in ihrer Summe zu bestimmten Leistungen führen und diese wiederum entsprechende Erfolge nach sich ziehen, lässt sich das grüne Spielfeld als Raum für ganz konkrete, messbare Kleinarbeiten beschreiben. Der bereits zitierte, ehemalige Hockeybundestrainer Markus Weise sprach kurz und prägnant von Jobs, die es immer und immer wieder zu erledigen gilt. Auf dem grünen Spielfeld herrschen also völlige Klarheit und erkennbare Einigkeit im Team, gemeinsam in die gleiche Richtung zu marschieren.

Demgegenüber liegt das rote Spielfeld. Und das hat es wahrlich in sich, da auf ihm eine Vielzahl von Ablenkungen und damit Bedrohungen liegen. Es lässt sich als die Summe aller Umwelteinflüsse beschreiben, welche im Dunstkreis der zu vollziehenden Handlungsziele mitschwingen und nur schwerlich auszublendenden sind. Das individuelle Verhalten kratzt stets an Instabilität und Teams drohen auseinanderzufallen, weil die gemeinsame Ausrichtung infolge von Partikularinteressen bedroht wird. Rote Einflussfaktoren können im Sport die lautstarke Zuschauerkulisse, der Spiel- oder Tabellenstand, negative Presseberichte im Vorfeld oder nachteilige Schiedsrichterentscheidungen sein. Alle Faktoren haben gemeinsam, dass trotz ihres Vorkommens oder spontanen Auftretens die im Vorfeld festgelegten Handlungsziele gleichbleiben. Nur weil der Gegner mit eins zu null in Führung geht oder der Schiedsrichter drei fragwürdige Entscheidungen in Folge gegen mich trifft, sollte dies zunächst keine Auswirkungen auf meinen unmittelbaren Spielansatz haben und meine Einstellung zur Sache insgesamt verändern.

Im Businesskontext sind rote Störfaktoren der direkte Wettbewerb und die neu auf den Markt gebrachten Produkte. Rote Störfaktoren sind auch Verbalattacken des Wettbewerbs, wirtschaftliche Krisen, juristische und damit sich auf den Markt auswirkende Gerichtsentscheidungen sowie teaminterne Personaldiskussionen.

Beide Spielfelder werden in deinem Spielkontext (unternehmerisches Dasein) immer nebeneinander existieren. Selbst wenn du, verständlicherweise, vermehrt oder gar dauerhaft auf dem grünen Spielfeld agieren möchtest, musst du auch das rote akzeptieren. Wie gelingt es uns jedoch, zumindest vornehmlich auf dem grünen Spielfeld zu spielen? Werfen wir zur Beantwortung der Frage mal einen Blick auf Lösungsstrategien des Leistungssports, denn dieser liefert uns Idealbeispiele zu persönlichen »Kämpfen« auf beiden Spielfeldern. Bei jeder noch so akribischen Vorbereitung einer Athletin auf einen Wettkampf hat sie es spätestens bei dessen Start mit Gegnerinnen ganz verschiedener Art zu tun. Denn nicht nur die Konkurrentinnen auf dem grünen Spielfeld wollen sich gegenseitig die Platzierung streitig machen. Auch ungeplante Reifenpannen im Radrennen, wetterbedingte Spielunterbrechungen im Tennis oder persönliche Anfeindungen, sogenannter Trash Talk, von Gegnerinnen oder Fans im Mannschaftssport können eine direkte Wirkung auf die Leistung der Einzelnen haben. Einflüsse dieser Art sind elementare Ausprägungen des roten Spielfeldes.

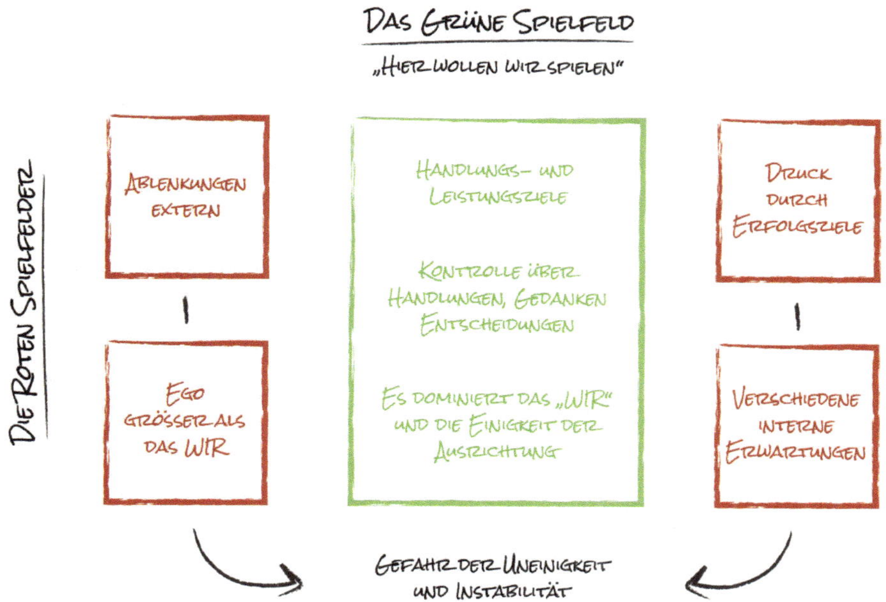

Die Einflussfaktoren auf die jeweiligen Sportlerinnen sind mannigfaltig und omnipräsent. Es gehört somit zum Skillset jeder Weltklassesportlerin, sich primär auf die eigenen Leistungen zu konzentrieren und äußere Störfaktoren bestmöglich auszublenden.

7.6.1 Relevant für die Anzeigetafel?

Eine erste Frage zur Abgrenzung, ob ich meine Zeit und Energie bewusst in das grüne Spielfeld investiere, lautet: Hat meine Handlung Auswirkung auf die Anzeigetafel (die in unserem Fall für das Ergebnis steht)? Gerade in datenbasierten Umfeldern läuft man mitunter Gefahr, sich mit sehr oder gar zu vielen Einflussfaktoren auf das operative Geschäft auseinanderzusetzen. Der Einsatz von Big Data verbreitet sich. Zugleich lautet die Kunst, sich lediglich mit für das Endergebnis relevanten Daten zu beschäftigen. Auch hier wird einmal mehr deutlich, wie wichtig es ist, sich klar gestaffelte Ziele auf der Ergebnis-, Leistungs- und Handlungsebene zu setzen. Denn nur, wenn allen Beteiligten klar ist, welches Ergebnis am Ende erreicht und mit welchen Mitteln es umgesetzt werden soll, kann es gelingen, den Fokus auf die relevanten Handlungen zu bewahren. Es ist die Aufgabe der am Wettbewerb beteiligten Personen, primär Handlungen vorzunehmen, welche direkte Ergebnisrelevanz aufweisen. Es geht um die Frage, mit welchen konkreten Schritten ich die Anzeigetafel direkt beeinflussen kann.

Wir sollten uns neben umfangreichen Studien und Datensätzen also immer auch damit beschäftigen, wie sich unsere Überlegungen in direkte und messbare Handlungsschritte übersetzen lassen. Natürlich ist Research wichtig und die Grundlage für strategische Entscheidungen, doch sollte dieser Research in direktem Zusammenhang mit dem avisierten Endergebnis stehen.

7.6.2 Das Kontrollierbare kontrollieren

Im dauerhaften Kampf zwischen dem strikten Abarbeiten und Umsetzen wiederkehrender Handlungsschritte auf dem grünen, sowie dem von Ablenkung und nachteiligen Einflüssen geprägten roten Spielfeld macht es Sinn, sich immer wieder auf die Frage zu konzentrieren, was eigentlich genau meinem persönlichen Einflussbereich unterliegt. Diese Sichtweise ist sicherlich keine neue und trotzdem so wichtig für nahezu alle Bereiche unseres Lebens. Jeder von uns wird selbstreflektiert eine Vielzahl von Situationen aufzählen können, in denen er, durch ungünstige Emotionen geleitet beziehungsweise verleitet, Energie in Themen oder Situationen gesteckt hat, die außerhalb des persönlichen Einflusses lagen. Prominente Dauerbeispiele sind der zur Unzeit auftretende Verkehrsstau, wenn wir eh schon spät dran sind, oder der wieder einmal völlig überfüllte Bahnwaggon, wenn wir mit zwei dicken Taschen beladen gerne etwas mehr Platz hätten. In beiden Fällen unterliegen wir völlig normalen Alltagssituationen und ärgern uns trotzdem über sie, obwohl sie erwartbar und nicht veränderbar sind. Es gilt aus rationaler Sicht also stets zu prüfen, für was genau es sich lohnt, Zeit und Energie zu investieren. Dafür bedarf es wiederholten Trainings, der Anwendung persönlicher Routinen sowie der Wahrnehmung, keine negativen Energieströme in Situationen zu vergeuden, die außerhalb unserer Einflussnahme liegen, sondern nur nach für das Ergebnis relevanten Einflussfaktoren zu suchen.

Durch die Fokussierung auf Bereiche, die einer direkten Einflussnahme unterliegen, bündeln wir unsere Energie und treffen zugleich eine Entscheidung gegen die vom roten Spielfeld einwirkenden Strömungen.

!

Wir halten fest

Eine wichtige Fähigkeit besteht darin, unterscheiden zu können, welche Faktoren zum einen die höchste Ergebnisrelevanz haben und zum anderen der größten Einflussnahme unterliegen.

Um handlungsorientiert auf dem grünen Spielfeld zu bleiben, ist eine umfassende Vorbereitung nötig auf das, was passieren könnte. Je besser wir über alle Spielregeln und Eventualitäten in unserem Arbeitsbereich Bescheid wissen, desto leichter wird es fallen, mit den vom roten Spielfeld ausgehenden Störungen umzugehen.

Die erfolgreichsten Trainerinnen und Trainer der Sportwelt sind Meister darin, Szenarien und mögliche Überraschungen im Vorfeld der Wettkämpfe zu durchdenken und Lösungen für den »Ernstfall« vorzubereiten. Dies betrifft zum einen die typischen, spieltaktischen Veränderungen im Mannschaftssport, sobald ein Team etwas an der Formation oder der strategischen Spielausrichtung verändert. Zum anderen, und dieser Bereich ist mindestens genauso wichtig und zugänglich für Unvorhergesehenes, betrifft es die Spiel- und Turniervorbereitung. Hier wird so gut wie nichts dem Zufall überlassen. Bereits Monate vor großen Turnieren erfolgen Hotelbuchungen, Zimmerbelegungen und die Essensplanung. Es werden sogar alternative Anfahrtswege zum Wettkampf geprüft, um für jegliche Ausnahmesituation oder Änderung im geplanten Ablauf vorbereitet zu sein.

Wir wollen verdeutlichen, dass es bei genauem Hinschauen viele Bereiche gibt, welcher einer direkten Einflussnahme und damit Kontrolle unterliegen. Je früher einem diese Bereiche bewusst werden und je klarer diese Bereiche operativ angesteuert werden, desto weniger erscheinen sie später als überraschende Störung seitens des roten Spielfeldes. Wie für jede Trainerin macht es folglich für jede Führungskraft Sinn, sich einen genauen Überblick darüber zu verschaffen, was als durchdachtes Szenario bereits akzeptiert und was weiterhin als Bereich des Möglichen bewusst offengelassen wird.

Im Besonderen lernen wir aus dem Leistungssport, dass, je näher große Wettkämpfe oder wichtige Termine rücken, es umso wichtiger ist, seine Energien auf klare Abläufe und nachvollziehbare Entscheidungen zu lenken. Unter Stress bleibt einfach keine Zeit, sich mit unnötigen, lediglich energieraubenden Themen zu beschäftigen. Mit plötzlich auftretenden, störenden Einflüssen ist in einer zunehmend vernetzten und mehrdeutigen Welt sowieso zu rechnen. Von daher sollte unser Fokus stets klar und auf die direkt vor uns liegenden Schritte gerichtet sein.

7.6.3 Worauf richtet sich der Fokus?

Im Leistungssport unterscheiden sich die guten von den durchschnittlichen Trainerinnen in einem kleinen, aber sehr wichtigen Detail. Auf dieses Detail stößt man als Zuhörerin oder Zuschauerin, wenn man sich einmal genauer auf das Spielfeldcoaching der Trainerinnen an der Seitenlinie konzentriert. Die guten, erfolgreichen Trainerinnen verfügen über die Fähigkeit, ihren Spielerinnen, und damit dem gesamten Team, stets unterstützende Anweisungen für direkt bevorstehende Situationen zu geben. Sie coachen also in die Zukunft. Sie kommentieren nicht vergangene Aktionen und bewerten das bereits Geschehene, sondern sie konzentrieren sich dauerhaft auf die Frage, welche Unterstützung die Spielerinnen als nächstes brauchen. Sie denken voraus und coachen proaktiv. Da die nächste eigene Aktion unter die Rubrik »kontrollierbare Handlungen« fällt, macht es aus allen Blickwinkeln Sinn, das eigene, kurzfristige Handeln auch nur auf die nächste Aktion auszurichten. Denn diese habe ich, mögen die Umstände noch so widrig, stressig oder ungewohnt sein, immer unter Kontrolle.

An dieser Stelle lohnt sich ebenfalls ein kurzer Blick auf die besten Spielerinnen der Tenniswelt. Sie besitzen die stark ausgeprägte Fähigkeit, sich nach jedem Ballwechsel sofort auf den kommenden eigenen oder den Aufschlag des Gegners zu konzentrieren. Sie beschäftigen sich nicht mit dem vergangenen Ballwechsel und eigenen Fehlern, sondern legen ihre Energie und Konzentration auf den nächsten Punkt. Und gerade dieser nächste Punkt ist es, den ich aus eigener Kraft durch bewusstes Handeln gewinnen kann.

Während durchschnittliche Performer also überdurchschnittlich lange in der Vergangenheit verweilen und sich mit nicht mehr änderbaren Situationen beschäftigen, denken High Performer bereits an den nächsten Schritt und was es konkret braucht, um ihn erfolgreich zu meistern.

Ebenso verhält es sich mit dem Blick von Trainerinnen oder Führungskräften auf vergangene Leistungen. Nach Niederlagen ist es vermeintlich leicht, Fehler zu finden und diese zu analysieren. Das gehört auch dazu, denn schließlich wissen wir, dass es im Leben gerade die Niederlagen und Rückschläge sind, aus welchen wir Menschen lernen und gestärkt hervor gehen. Gleichwohl ist es im Teamkontext von größerer Bedeutung, den Fokus immer wieder auf das kommende, direkt kontrollierbare und umsetzbare zu richten und sich auf die Faktoren zu konzentrieren, die wir kurzfristig als positiv und brauchbar verarbeiten können.

Wie läuft es beispielsweise im Eishockey? In der Drittelpause eines Spiels geht es nur kurz um vergangene Fehler und Unstimmigkeiten in der taktischen Ausrichtung. Viel mehr wird der Fokus darauf gerichtet, was im ersten Drittel gut lief und dementsprechend im weiteren Spielverlauf verbessert werden soll. Es ist eine besondere Fähigkeit der Führung, sich auch in negativ erscheinenden Situationen auf das Gute zu konzentrieren und sich gemeinsam mit seinem Team daran aufzurichten.

Wir halten fest

Der kontinuierliche Fortschritt eines Teams ist stets wichtiger als das kurzfristige Erreichen einer nicht nachhaltigen Perfektion.

!

Vielmehr sollte es uns im Sinne des Fortschritts darum gehen, auch aus negativen Ergebnissen etwas Positives mitzunehmen. Siege und Niederlagen sollten als diese angenommen, analysiert und entsprechend verarbeitet werden. Doch ebenso, wie nach Niederlagen nicht alles schlecht sein sollte, dürfen uns Siege ebenso wenig in ein Gefühl der überschwänglichen Selbstsicherheit befördern. Wir sollten den Fokus vielmehr auf eine, womöglich auch nur kurze, sachliche Analyse und das direkte Umsetzen der notwendigen nächsten Schritte richten.

7.6.4 Der Spieltag: Gameday Performance

Eine weitere Chance, möglichst lange und stabil auf dem grünen Idealspielfeld zu agieren, liegt darin, besondere Termine oder Momente bereits im Vorfeld zu deklarieren. Im Leistungssport ist aufgrund von Terminkalendern oder Spielplänen völlig klar, zu welchen Tagen und zu welcher Uhrzeit eine entsprechende Leistung vom Team abzurufen ist. Diese Termine werden im Detail vorbereitet und alle möglichen Störfaktoren bestmöglich ausgeblendet oder beiseitegeschafft. Der Spieltag selbst muss anders angegangen und vorbereitet werden als der wöchentliche Trainingstag, letzterer vergleichbar mit einem normalen Bürotag ohne besondere Termine. Am Spieltag geht es darum, trainierte Automatismen abzurufen, die eigenen Stärken voll einzubringen und mit unerwarteten Überraschungen mental stabil umgehen zu können.

Übertragen auf den Businesskontext sollten bestimmte Termine wie Sales Pitches, Strategiemeetings oder Personalgespräche als besonders wichtig kommuniziert und detailliert vorbereitet werden. Der englischsprachige Raum spricht, schön auf den Punkt gebracht, von der Gameday Performance. Die Frage lautet also, wann genau im wöchentlichen Büroalltag eine besondere Gameday Performance vom Team und von mir verlangt wird. Zu diesen besonderen Momenten muss ich als Führungskraft sämtliche Störfaktoren von meinem Team fernhalten. Meine Teammitglieder sollen sich allein auf das Einbringen ihrer Stärken und die Übernahme von Verantwortung konzentrieren können. Sollten Situationen trotzdem nicht so laufen, wie von allen erwartet, ist es Aufgabe der Führungskraft, entsprechend vorbereitet darauf zu reagieren und stets eine Antwort auf aufkommende Fragen zu haben. Wie wir oben bereits festgestellt haben: Es gibt immer etwas, und ist es doch nur eine Kleinigkeit, die ich selbst bewegen und als Führungskraft positiv (mit-)gestalten kann.

7.6.5 Die richtige Ein-Stellung entscheidet

Um möglichst lange aufgabenorientiert und fokussiert auf dem grünen Spielfeld zu agieren, bedarf es natürlich auch der richtigen Einstellung. Nun wissen wir, dass die Einstellung gerne für das später absolvierte Ergebnis herangezogen wird, ohne gleichzeitig etwas Konkretes auszusagen. Was also ist diese »Einstellung« eigentlich?

»Einstellung« stammt ab vom Verb »einstellen« und das bedeutet, »etwas im Vorhinein in einen bestimmten Zustand oder eine bestimmte Position zu bringen«. Nachdem etwas eingestellt ist, gehen wir vom weiteren Bestand dieses Zustandes aus, bis wir die Grundeinstellung verändern. Im Spitzensport ist es äußerst schwierig, wenn nicht sogar unmöglich, während des Spiels unter hoher Dynamik verändernde Einstellungen vorzunehmen. Diese müssen seitens Coach und Mannschaft im Vorfeld erfolgen. Wenn überhaupt, dann kann es nur um situative Detailanpassungen im jeweiligen Spielverlauf gehen. Sollte jene Einstellung im Vorfeld jedoch nicht in jedermanns Kopf angekommen sein, wird sich dies zwangsläufig in einer erkennbaren Minderleistung auswirken. Und nichts passt an dieser Stelle besser als die Anekdote von den Pinguinen aus der Tiefgarage.

Die Pinguine aus der Tiefgarage

Schauplatz: das Hockeyturnier der Olympischen Spiele 2008 in Peking. Die deutsche Herren-Hockeynationalmannschaft startet mit einem Auftaktsieg gegen China und zwei Unentschieden gegen Belgien und Südkorea in das Turnier. Was von außen betrachtet als akzeptabler Auftakt hätte betrachtet werden können, sorgte beim zuständigen Trainerteam jedoch nicht wirklich für Zufriedenheit. Im Gegenteil, vor allem Cheftrainer Weise war unzufrieden mit der körperlichen und kämpferischen Leistung seiner Jungs. Er bemängelte den fehlenden läuferischen Einsatz sowie die fehlende Einstellung, noch mehr zu leisten und vor allem körperlich mehr in Zweikämpfe zu investieren. Er dokumentierte seine Unzufriedenheit mit einem Zusammenschnitt von immerhin 57 Videoszenen, in denen er den mangelnden Einsatz seiner Spieler aufzeigte, nahezu unkommentiert. Die vielen Clips zeigten in ihrer Gesamtheit drei sich stets wiederholende Verhaltensweisen. Zum Teil blieben Spieler nach eigenen Ballverlusten stehen und leisteten nur geringen Aufwand in der sogenannten Rückwärtsbewegung. Des Weiteren wurde nicht mit vollem körperlichem Einsatz in Zweikämpfen verteidigt. Vielmehr wurde durch zaghaftes Hochspringen der Gegner ermutigt, Pässe durch die eigene Reichweite zu spielen. Schlussendlich, und das erzürnte den Bundestrainer wohl am meisten, beschäftigten sich seine Spieler nahezu dauerhaft mit den aus ihrer Sicht nachteiligen Schiedsrichterentscheidungen. Regelmäßig versammelten sich zwei bis drei deutsche Spieler um den Schiedsrichter und versuchten, diesen wild gestikulierend davon zu überzeugen, mit der letzten Entscheidung wieder einmal falsch gelegen zu haben. Weise bezeichnete dieses Gestikulieren mit zum Himmel gestreckten Armen ironisch als Pinguin-Gehabe, was die Stimmung im Meetingraum nicht wirklich verbesserte. Nur wenige Spieler mögen es, entsprechende, wenn auch wahre, Bilder und Fehler von sich zu sehen. Am Anschluss an diese etwas einseitige Filmvorführung stellte Weise den entscheidenden Auftrag:

Männer, ihr müsst entscheiden, was ihr von nun an im Turnier wirklich wollt. Wollt ihr weiterhin den Schiedsrichter mit Pinguin-Gehabe belagern und eure Energie in vermeintliche Ungerechtigkeiten stecken? Oder wollt ihr diese Energie in den bisher fehlenden körperlichen Einsatz investieren und beispielsweise mehr zurücklaufen? Das ist eine klare Frage der Einstellung und die müsst ihr bis zum nächsten Spiel dringend klären. Tut dies ehrlich und klar, ansonsten ist es zu spät und wir spielen in diesem Turnier keine weitere Rolle mehr.

Dann schickte Weise seine Mannschaft, angeführt vom damaligen Kapitän Timo Wess, zur internen Aussprache für eine Stunde in die unter dem Olympischen Dorf gelegene Tiefgarage. Dass hier ebenso andere »Krisensitzungen« deutscher Olympiateilnehmer stattfanden, erwies sich erst später.

Dieses Vorgehen stellte sich als elementar wichtig und erfolgreich heraus, da in dieser internen, kritischen Aussprache die notwendige Einstellung für den weiteren Turnierverlauf ins Positive justiert wurde. Im Folgenden agierten die deutschen Spieler wesentlich einsatzfreudiger und fokussierter. Nach Ballverlusten wurde läuferisch zurückgearbeitet und allesamt hielten ihre Knochen hin, wie es in Zweikämpfen auf diesem Niveau unumgänglich ist. Ob und wie der einige Tage später errungene Olympiasieg nun, direkt oder indirekt, auf die Intervention Weises zurückzuführen ist, kann wie immer in einer kontingenten Welt nicht festgestellt werden. Fakt ist jedoch, dass sich Weise als verantwortliche Führungskraft berufen sah, etwas aufzudecken und anzusprechen, was den Teamerfolg gefährdete. Er sah seine Mannschaft zu viel auf dem roten Spielfeld herumtraben (im wahrsten Sinne des Wortes!), auf welchem es lediglich Aufwand, aber keine Medaillen zu gewinnen gibt. Letztere gibt es, stellvertretend für alle persönlichen Erfolge im Leben, lediglich auf dem grünen Spielfeld – wenn es mir als Teilnehmerin gelingt, meine Aufmerksamkeit auf die richtigen Dinge zu lenken. Dieser »Öffner« gelang Weise, wie er später sagte, »ungeplant und intuitiv reagierend«. Somit geht die Geschichte von den Pinguinen aus der Tiefgarage aufgrund ihrer Dramaturgie und der perfekten, intuitiven Situationsanalyse ihres Pinguinanführers zumindest in die Hockey-Geschichtsbücher ein.

Rückblickend fehlten in den ersten beiden Turnierspielen also Prozentpunkte, welche ein High Performance Team jedoch benötigt, um aus eigener Kraft auf höchstem Niveau erfolgreich zu sein. Dies ist unabhängig vom fachlichen Können immer zunächst eine Frage der emotionalen Einstellung. Liegt diese zu Beginn einer wichtigen Phase oder eines speziellen Momentes nicht vor, ist es nahezu unmöglich, sie von einer Sekunde auf die andere einfach so aus der Tasche zu ziehen. Besondere Leistungen zu besonderen Momenten bedürfen daher einer speziellen Vorbereitung, gerade was die eigene Einstellung und Justierung des Mindsets angeht.

Die Anekdote verdeutlicht wunderbar bildhaft, auf welchem Spielfeld Sieger agieren und auf welchem Spielfeld es lediglich Ablenkungen gibt. Je klarer der Fokus auf die relevanten Jobs und zu erbringenden Leistungen ist, desto größer ist die Wahrscheinlichkeit, auf dem grünen Spielfeld auch erfolgreich zu sein. Unter anderem der Schiedsrichter, zunächst unbeteiligter und nicht entscheidungserheblicher Dritter, übernimmt bei fehlender (Team-)Konzentration auf das Wesentliche eine entscheidende und nachteilige Ablenkungsfunktion. Wir sollten uns daher immer wieder fragen: Wer oder welches Verhalten ist hilfreich für mich, die gesetzten Ziele auch wirklich zu erreichen. Was genau erscheint mir lediglich als Ablenkung und Energiefresser? Was hingegen verdient meine volle Aufmerksamkeit und Konzentration, da ich weiß, dass die hierauf gerichtete Energie die Chance auf einen erfolgreichen Ausgang der Situation erhöht.

8 Die Team Force Seven

Wenn es deine Maxime ist, ein High Performance Team aufzubauen, zu entwickeln und zu führen, dann muss es dein Ziel sein, deine Aufmerksamkeit und deine Aktivitäten auf alle in den bisherigen Kapiteln enthaltenen Prinzipien auszurichten. Es muss dir gelingen, all dies zu gelebter Praxis in deinem Team zu machen. Einfacher gesagt als getan, oder?

Wir haben in den letzten Jahren unzählige Bücher über Teams und ihre Entwicklung gelesen und ausgewertet. Hinzu kommen zahlreiche Veröffentlichungen zu den Themen Führung, Kommunikation, Feedback, Konflikt, Vertrauen und vielen weiteren Themen. Die meisten der geäußerten Gedanken sind richtig und bringen Teams in vielerlei Hinsicht nach vorne. Umso mehr stellt sich für uns die Frage, warum es dann immer noch in so wenigen Teams gelebter Alltag ist, dass die Teammitglieder voller Engagement, Leidenschaft und Zufriedenheit dabei sind.

Tatsächlich ist es herausfordernd, das gesammelte Wissen aus unterschiedlichsten Quellen in die Praxis zu übertragen und dies auch zu leben. Genau deshalb widmen wir dieses Kapitel ausschließlich der Operationalisierung, also der praktischen Umsetzung all dessen, was wir zuvor beschrieben haben. Wir bieten dir eine klares, von uns entwickeltes, praktisches Handlungsmodell an, das sich unserer Erfahrung nach bei den meisten Teams als sehr erfolgreich erwiesen hat: **die Team Force Seven**.

8.1 Das Modell

Vielleicht sind die Team Force Seven für dich im Verlauf des Buches schon ersichtlich geworden. Vielleicht startest du aber tatsächlich mit diesem Kapitel und springst damit direkt zum Fazit. Auch gut. Zentral für dieses Buch ist: Wir sehen und beschreiben sieben Säulen der Teamarchitektur, die aus einer Gruppe im Lauf der Zeit ein High Performance Team machen.

Das Team-Force-Seven-Modell fasst diese sieben Säulen der Teamarchitektur zusammen und zeigt auf, welche Kräfte (Forces) es in deinem Team freisetzen kann. So kommst du Schritt für Schritt von einer Gruppe zu einem Team und von einem Team zu einem High Performance Team!

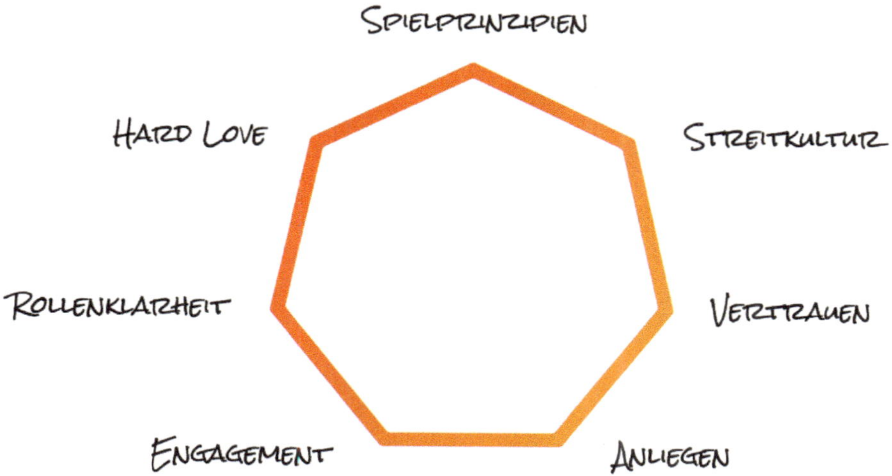

Schauen wir uns die einzelnen Säulen oder Bausteine der Teamarchitektur noch einmal an. Natürlich bedingen sich alle Säulen untereinander. Dennoch haben wir eine empfohlene Reihenfolge für euch erstellt, die sich in den meisten Teams bewährt hat.

Als Ausgangspunkt stellen wir, wie schon das erste Kapitel dieses Buch zeigt, das **persönliche Engagement** des Einzelnen in den Mittelpunkt. Das Engagement der Einzelnen ist der Dreh- und Angelpunkt von Teams, denn auch in der Teamarbeit ist entscheidend, zunächst zu verstehen, was die Einzelne eigentlich erwartet und wiederum bereit ist, in dein Team einzubringen. Hier steht das intensive, persönliche Kennenlernen zwischen Führungskraft und Mitarbeiterinnen sowie zwischen den Teammitgliedern im Fokus. Besonders hilfreich ist eine gemeinsame Sprache, um Bedürfnisse und Besonderheiten richtig und eindeutig zu artikulieren. Im Rahmen eines initialen Kick-offs mit dem Team können insbesondere technologische, psychometrischen Lösungen wie die bereits vorgestellte App von MONDAY.ROCKS gewinnbringend eingesetzt werden, um den Dialog im Team möglichst spielerisch und objektiv zu gestalten. Aber auch eine analoge, wertebasierte Diskussion ist bereits ein erster, richtiger Schritt, um zu erfahren, was jedes Teammitglied eigentlich einbringen möchte und wiederum von den Kollegen erwartet. Ein solcher initialer Kick-off mit dem Team ist – je nach Teamgröße – bereits ab drei Stunden erfolgreich und effektiv machbar. Übrigens ist dies auch remote möglich. Du wirst überrascht sein, was alles in deinem Team steckt!

Dies ist sehr gut kombinierbar mit dem Aspekt des **gemeinsamen Anliegens** im Team, das in Kapitel 2 beschrieben wird. Wie auch durch unseren Experten Gerald Hüther bestätigt (siehe Experteninterview), ist es von zentraler Bedeutung zu verstehen, wohin die gemeinsame Reise von Menschen gehen soll: *»Jede Gemeinschaft braucht etwas, das die Aktivitäten der einzelnen Mitglieder in eine bestimmte Richtung lenkt. Ein gemeinsames Ziel, das von allen angestrebt wird, kann so eine kohärenzstiftende Wirkung haben. Allerdings ist* *die sofort wieder futsch, wenn das Ziel dann irgendwann erreicht ist. Deshalb ist es günstiger, wenn die Mitglieder eines Teams etwas finden, das ihr Zusammenwirken als Gemeinschaft leitet, das aber auch langfristig Bestand hat. Das kann nur etwas sein, das allen Mitgliedern gleichermaßen am Herzen liegt und sich nur gemeinsam mit allen anderen verwirklichen lässt.«* Was wäre passender, als diese Diskussion in deinem Team auf Basis der individuellen Engagement-Perspektiven zu führen? Nutze den Schwung des initialen Kick-offs und schlage dem Team vor, in einem zweiten Termin nicht mehr nur das *Ich*, sondern jetzt das *Wir* in den Blick zu nehmen. Hierzu reichen euch wieder zwei bis drei Stunden und erneut könnt ihr App-basiert oder analog vorgehen. Für das analoge Vorgehen empfehlen wir euch die 1-2-4-X-Methode, bei der zunächst jede Einzelne in sieben bis zehn Minuten ihr individuelles Anliegen für das Team notiert. Anschließend bildet ihr Zweierteams, die ihre Anliegen diskutieren und in 15 bis 20 Minuten zu einem gemeinsamen Anliegen verbinden. Das Vorgehen wiederholt ihr anschließend und bildet Vierer- und anschließend Achterteams mit der gleichen Aufgabe, bis das gesamte Team an einem gemeinsamen Anliegen arbeitet. Ein spannender Prozess, an dem du als Führungskraft unbedingt teilnehmen und nicht nur beobachten solltest! Dabei geht es für Mitarbeiterinnen immer darum zu verstehen: Wo ist das *Ich* im *Wir*?

Warum das wichtig ist? Das *Ich im Wir* knüpft nahtlos an die dritte Team Force an: **Rollenklarheit**. Es ist entscheidend für jede Mitarbeiterin zu verstehen, was sie tatsächlich im Team umsetzen und realisieren kann. Und das sollte so nah wie möglich an dem sein, was sie tatsächlich auch ins Team einbringen möchte, was also Teil ihres persönlichen Engagements ist. Je besser wir eine Kopplung herstellen können zwischen dem, was das Team benötigt und dem, was die Mitarbeiterin einbringen möchte, desto erfolgreicher ist dieser Hebel auf unserem Weg zu einem besseren (High Performance) Team. Tatsächlich zeigt die Praxis auch, dass sich auf diese Weise unzählige Konflikte und politisches Verhalten verhindern lassen. Ganz praktisch bietet sich folgendes Vorgehen an: Finde zunächst die wichtigsten Aufgaben-Cluster in deinem Team. In welchen

Bereichen gibt es die häufigsten Überschneidungen? Wer teilt sich Kommunikationspunkte oder ist abhängig von Zulieferungen anderer? In der Regel entstehen drei bis fünf zentrale Aufgabenbereiche eines Teams (die natürlich auf euer gemeinsames Anliegen einzahlen). Je Aufgabenbereich sind unterschiedliche Teammitglieder beteiligt und natürlich können bestimmte Teammitglieder in mehreren Bereichen aktiv sein. Dies gilt es, einmal zu definieren und mit dem Team abzustimmen. Hieraus entstehen dann individuelle Teamzirkel, die sich regelmäßig treffen und die Herausforderungen und die Rollenverteilung im jeweiligen Aufgaben-Cluster besprechen. Bei der Rollenverteilung ist es erneut sinnvoll, die individuellen Perspektiven zu berücksichtigen und Aufgaben entsprechend klar zuzuteilen (siehe Kapitel 3, Rollenklarheit).

Die vierte Team Force beschreibt das **Vertrauen** im Team. Wie bereits im entsprechenden Kapitel erläutert, sprechen andere Veröffentlichungen an dieser Stelle auch gerne von psychologischer Sicherheit. In einem leistungsstarken, engagierten Team fühlen sich die Mitarbeiterinnen fähig und kompetent, nicht entmutigt und ängstlich. Wenn du eine effektive Mannschaft aufbauen möchtest, musst du ein Umfeld schaffen, in dem es für Mitarbeiterinnen selbstverständlich ist, Fragen zu stellen und Bedenken zu äußern. Angst ist kein nachhaltiger Motivator! Ein psychologisch sicheres Team befindet sich in einem ständigen Zustand des Brainstormings, allein schon deshalb, weil sich seine Mitglieder dazu befähigt fühlen und ihnen die Gelegenheit dafür geboten wird. Im Kern geht es jedoch immer darum, dass wir zuerst Vertrauen geben und somit eine offene Unterstützungs- und Fehlerkultur zulassen. Nur so schaffst du die Basis dafür, Dinge auszuprobieren und dass sich das Team sowie seine Teammitglieder weiterentwickeln. Tatsächlich ist diese Team Force losgelöst zu betrachten, denn Vertrauen ist zu jedem Zeitpunkt des Teamprozesses von zentraler Bedeutung. Die größte Herausforderung ist jedoch, dass für die meisten Führungskräfte kaum zu erkennen ist, wie hoch das Vertrauensmoment im Team tatsächlich ist. Ganz praktisch empfehlen wir daher eine anonyme Mitarbeiterbefragung mit einem Fokus auf psychologische Sicherheit und Vertrauen im Team sowie zu dir als Führungskraft.

Wir nutzen hier die Möglichkeiten der MONDAY.ROCKS-Potenzialanalyse, um auch das Vertrauenslevel im Team objektiv zu entschlüsseln.

Kommen wir zu **Hard Love Leadership**, einem in dieser beschriebenen Form neuartigen Konzept, das jedoch bei vielen Erfolgstrainern im Sport bereits seit Jahren zum Einsatz kommt (siehe Kapitel 4, Hard Love Leadership, Jürgen Klopp). Im Kern geht es um eine völlig neue Form der Personalisierung von Führung. Es darf nicht sein, dass Amazon und Spotify die Präferenzen deiner Mitarbeiterinnen besser kennen als du. Und wir meinen nicht Shopping und Musikgeschmack. Es geht um echtes Interesse und Sympathie für deine Mitarbeiterinnen, aber auch um harte, klare Ansagen da, wo sie nötig sind. In genau diesem Spannungsfeld erreichst du dein Team auf einem Level, wie es klassische Führung nicht kann und die klassische Distanzkultur mit Förmlichkeit und Siezen auf die hinteren Plätze verwiesen wird. Was das praktisch für dich bedeutet? Wir haben 4000 Studienteilnehmende gefragt, unter welchen Bedingungen sie bereit sind, ihre persönlichen Werte und Interessen gegenüber ihrer Führungskraft transparent zu machen (siehe dazu auch Kapitel 1). Knapp 94 Prozent waren einverstanden, wenn diese Transparenz auf Wechselseitigkeit beruht und sie auch verstehen lernen, wie die jeweilige Führungskraft tickt. So einfach! Je menschlicher und klarer wir uns in Beziehungen begegnen und Erwartungen und Perspektiven nachvollziehen können, desto besser funktioniert diese Beziehungsebene. Das ist das Kernprinzip von Hard Love Leadership.

Die sechste Team Force beschäftigt sich mit dem richtigen Maß an **Streitkultur:** Sie ist ein ganz entscheidendes Element in der Entwicklung eines Teams, das letztlich zu einem deutlich höheren Niveau auch von empfundener Sicherheit und Verbundenheit führt. Ein Team ohne die richtige Streitkultur – und ja, auch ohne Konflikte sowie die Fähigkeit, mit ihnen umzugehen – ist kein High Performance Team. Natürlich, dieser Schritt ist unangenehm, auch für Führungskräfte, aber er ist zeitgleich unabdingbar und notwendig als zentrale

Entwicklungskomponente für das nächste Leistungslevel. Nur da, wo sich unterschiedliche Wertestrukturen und Perspektiven auch emotional austauschen dürfen, kann Neues entstehen und kann das Team als eine Einheit weiterkommen. Ein spannender Prüfpunkt ist an dieser Stelle die oftmals beschriebene künstliche Harmonie, die manche Teams beschreiben. Wenn wir Teams in der Praxis erleben, wird diese Harmonie sogar oft als zentrale Stärke wahrgenommen oder als besonders lobenswerte Komponente von Teammitgliedern und Führungskraft hervorgehoben: *»Bei uns gibt es keine Konflikte!«* Natürlich bewegen wir uns hier in einer Komfortzone, die vielleicht sogar angenehm ist für manche Beteiligte. Mit Sicherheit entspricht dies jedoch nicht der Wahrheit und vor allem: Sie bringt dich und dein Team nicht weiter! Daher ist dies ein entscheidender Schritt auf dem Weg zum High Performance Team: Geh immer wieder in den konstruktiven Konflikt mit deinem Team. Achte nur darauf, dass jeder Konflikt ein Ergebnis findet.

Die letzte Team Force beschreibt schließlich den Peak-Zustand, den ein Team erreichen kann: die **Spielprinzipien**. Dabei geht es immer nur um eine Steigerung der Wahrscheinlichkeit und Häufigkeit. Kein Team der Welt spielt permanent in diesem Teamzustand. Allerdings kratzen High Performance Teams erstaunlich oft an dieser Peak-Marke. Doch was zeichnet diesen Zustand aus? Es ist die dezentrale Selbststeuerung des Teams. Jedes Zahnrad greift optimal ineinander und jede weiß genau, was zu tun und zu kommunizieren ist. Anliegen und Handlungsziele sind klar formuliert und dem Team gelingt quasi alles. Im Spitzensport ist das der Moment, der auch als *Flow* bezeichnet wird. Es ist der Moment, wo die Trainerin an der Seitenlinie steht und ganz ruhig ist. In Pressekonferenzen sind es die Momente, an die sich eine Trainerin zurückerinnert und mit leuchtenden Augen vom perfekten Spiel spricht.

Natürlich ist es herausragend, wenn Teams diesen Zustand erreichen. Allerdings ist es auch für High Performance Teams völlig normal, nicht ständig in diesem Peak-Bereich zu agieren und in eine der anderen Zonen zurückzufallen. Wir sind jedoch davon überzeugt, dass es in der heutigen Zeit, in der Geschwindigkeit und Entscheidungskomplexität dramatisch zunehmen, unabdingbar ist, Teams zu entwickeln, die grundsätzlich eine dezentrale Selbststeuerung und eine Form der Teamautonomie beherrschen. So nähert sich das Team dem Zustand von High Performance immer wieder an!

8.2 Modellinterpretation

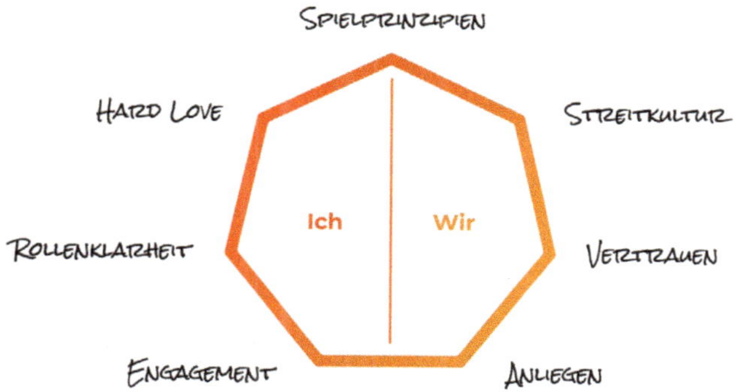

Das Team-Force-Seven-Modell gliedert sich also in die beschriebenen sieben Säulen oder Kräfte (Forces) eines Teams, die abgerufen beziehungsweise entwickelt werden können. Dabei können wir das Modell in zwei Hälften gliedern. Die linke Seite bezieht sich auf die einzelne Mitarbeiterin im Team. Es geht primär um das *Ich* im Team. Faktoren, die dies signifikant beeinflussen, sind das persönliche Engagement, die Rollenklarheit und unser Führungsprinzip Hard Love Leadership. Die rechte Seite des Modells bezieht sich auf das gesamte Team, das *Wir*. Es geht um die Aspekte des gemeinsamen Anliegens, um Vertrauen und Streitkultur. In seiner »Zuspitzung« beschreibt das Modell dann die Möglichkeit, in den Bereich der Spielprinzipien vorzustoßen, in denen das Team mit einem

Höchstmaß an dezentraler Selbststeuerung und Autonomie agiert und nur noch wenig Einflussnahme von außen oder Unterstützung für die anderen Grundsäulen der Teamarchitektur benötigt.

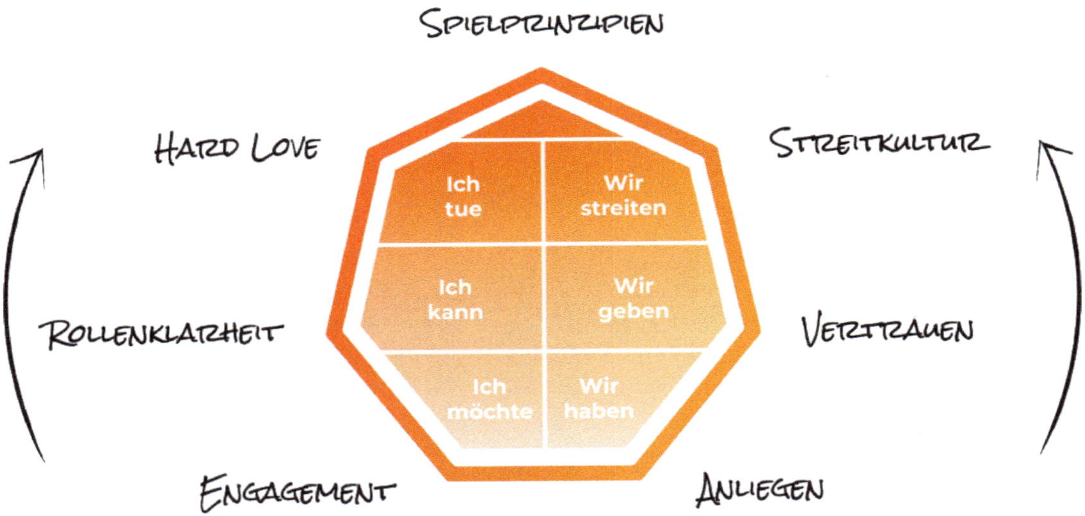

Schlusspfiff

Nun, liebe Leserin, hast du es geschafft. Und wir auch. Das Buch ist fertig, wenn auch nie final. Denn der Bereich der Teamwissenschaft steckt noch in den Kinderschuhen. Vielleicht konnten wir einen kleinen Beitrag zur weiteren Entwicklung leisten. Eines ist uns dabei ganz wichtig: So wie jede deiner Mitarbeiterinnen und auch du selbst eine bestimmte Perspektive einnehmen, so sind auch wir Autoren durch unsere eigene Weltsicht beeinflusst. Dies haben wir im Austausch mit unseren (Interview-)Experten gemerkt und das merken wir auch im täglichen Dialog mit unseren Kunden und Partnern. Umso mehr laden wir auch dich zum Dialog und zum Konflikt ein. Denn wir sind davon überzeugt, dass es viel mehr Menschen braucht, die für bessere Teams streiten!

Kurze Teambesprechung

Stefan: Was meinst du, Mario, was hat die Leserin, die das hier jetzt gerade liest, im Kopf?

Mario: Tja, Stefan, wenn ich das wüsste. Hilft auch nicht zu grübeln. Vielleicht sagt sie es uns ja.

Stefan: Aber vielleicht traut sie sich nicht. Und sie hat ja auch gar keine Kontaktinfos.

Mario: Du hast recht. Also, liebe Leserin, ich bin erreichbar unter mario@mondayrocks.de oder natürlich via LinkedIn.

Stefan: Und mich, liebe Leserin, erreichst du unter s.kermas@trainyourbusiness.de und natürlich ebenfalls via LinkedIn.
Aber jetzt sag mal, Mario, wie war eigentlich das ganze Buchprojekt für dich?

Mario: Das war wirklich spannend und tatsächlich etwas anders als erwartet. Denn anders als in der Praxis konnten wir keine individuellen, spezifischen Analysen oder Anpassungen nach Teamart vornehmen. Das Buch soll ja prinzipiell jedem Team weiterhelfen. Das habe ich anfangs unterschätzt, aber ich denke, es ist uns schließlich gut gelungen. Was war denn dein entscheidender Moment in dem Projekt?

Stefan: Entscheidend war wohl unser Treffen in München. Ich denke, da haben wir gemerkt, welches Potenzial in einem solchen gemeinsamen Buch liegen könnte. Für mich gab es zwei Highlights: Zum einen die Zusammenarbeit mit unseren tollen Expertinnen und Experten. Das hat mich wirklich begeistert. Und zum anderen der Moment, als wir zum ersten Mal unsere Team Force Seven skizziert haben. Das war schon ein Schlüsselmoment!

Mario: Ja, absolut! Ich denke, wir haben die Corona-Zeit produktiv genutzt! Gibt es eigentlich jemanden, dem du für die Entstehung dieses Buchs besonders danken möchtest?

Stefan: Ja, das kann man so sagen, das war eine wirklich produktive Zeit! Natürlich gibt es viele Menschen, die uns unterstützt oder überhaupt erst dazu befähigt haben, dieses Buch ins Spiel zu bringen. Besonders danken möchte ich meinem langjährigen Mentor Markus Weise, der mir in jungen Trainerjahren Verantwortung übertrug und meinen Erfahrungsschatz entscheidend prägte. Ebenso unserem Gold-Torwart Max Weinhold, der beharrlich für die ein oder andere Retrospektive in diesem Buch zur Verfügung stand. Schlussendlich bei meinen vielen Trainerkollegen, allen voran Aditya Pasarakonda und Valentin Altenburg, mit denen es in unzähligen nächtlichen Diskussionen um unsere Teams und deren Leistung ging. Und natürlich möchte ich mich bei dir bedanken, lieber Mario, dass du es so professionell mit mir ausgehalten hast. Wie sieht's bei dir aus?

Mario: Danke, Stefan! Das kann ich so nur zurückgeben. Es war eine tolle Zeit mit dir! Besonders bedanken möchte ich mich bei meinen drei Mitgründern von MONDAY.ROCKS und unseren Mitarbeiterinnen, Mitarbeitern und Partnern, mit denen ich seit Anfang 2018 auf der spannendsten beruflichen Reise überhaupt bin. Und natürlich bei meiner Frau, die deine und meine permanente Fachdiskussion via WhatsApp-Sprachnachrichten klaglos ertragen hat. Darüber hinaus auch bei all den Kundenteams, ehemaligen Geschäftspartnern und Kolleginnen, von denen ich lernen oder selbst erleben durfte, was *Team* in den positiven wie negativen Facetten wirklich bedeutet. Und ich werde in unserer beider Namen natürlich noch einen Dank an Mario Kestler, Bernhard Landkammer und Juliane Sowah von Haufe aussprechen. Ohne euer Vertrauen gäbe es dieses Buch nicht.
Und Stefan, wie geht's jetzt eigentlich weiter?

Stefan: Ich habe mich wirklich über die zahlreichen Anfragen gefreut, die wir schon während des Schreibens über Haufe, unsere Interviewpartner oder etwa die Universität Magdeburg erhalten haben. Ich denke, da kommt noch mehr, oder?

Mario: Das stimmt! Ich denke, wir werden die eine oder andere Einladung nutzen, um direkt mit unseren Leserinnen zu diskutieren. Darauf bin ich echt gespannt!

Stefan: Dann lass mich abschließend sagen: Wir freuen uns natürlich über jede Form der Kontaktaufnahme mit dir, liebe Leserin! Sei es für eine Diskussionsrunde, einen Podcast oder gar ein Kundenprojekt. Wir freuen uns drauf!

Best of: Take-aways aus den Kapiteln

Wie war das jetzt alles für dich, liebe Leserin? Was hast du mitgenommen? Wo hakt es für dich in diesem Buch? Wir überlassen es selbstverständlich dir, wie auch anders, was du aus und mit diesem Buch machst.

Gerne möchten wir dir und deinen Mitarbeiterinnen abschließend diese Sätze mitgeben, die für tägliche Impulse so richtig gut sind.

- Erfolg ist der Zustand, der entsteht, wenn du einem Weg folgst, der zu dir passt.
- Alle engagierten Mitarbeiterinnen sind glücklich, aber nicht alle glücklichen Mitarbeiterinnen sind engagiert.
- Glückliche Mitarbeiterinnen sind mehr am Erlebnis interessiert als am Ergebnis.

- Untersuche Misserfolg und Erfolg im Nachgang stets kritisch auf ihre Ursachen.
- Erfolg ist nicht planbar, aber Leistung ist planbar.
- Ergebnisse, bestenfalls Erfolge, entstehen durch Leistungen und diese wiederum durch Handlungen.

- Kreativität und Flexibilität brauchen eine solide Basis in Teamarchitektur und Rollenklarheit, um nicht zu Chaos zu führen.
- Rollenambiguität stellt in Businessteams ein häufiges Problem dar, während Sportteams viel seltener damit kämpfen.
- Eine höhere Klarheit der Rollen führt zu einer höheren Leistung innerhalb des Teams.

- Nur wenn wir aufrichtig an Menschen glauben, glauben sie auch an uns und wir können gemeinsamen Überzeugungen folgen.
- Wir müssen nicht alle Teammitglieder gleich behandeln, aber wir müssen dafür sorgen, dass alle für das gleiche stehen.
- Es ist unsere Aufgabe, jede Art von Charakter und Leistung in die Gemeinschaft zu integrieren, sei das Gefälle noch so groß und seien die Menschen noch so verschieden.

- Nichts ist vertrauensfördernder als offene und aufrichtige Kommunikation.
- Ein sicherer Raum für Konflikte und Debatten kann die größte inspirative Quelle für die Weiterentwicklung des Teams und der Organisation sein.
- Probleme dürfen sich nicht im Team manifestieren, sie müssen stets lösbar bleiben.

- Teamentwicklung braucht Zeit.
- Ein High Performance Team benötigt eine innere Robustheit gegen äußere Störungen.
- Vermittle Zutrauen. Gib deinen Mitarbeiterinnen stets das Gefühl, dass du etwas in ihnen siehst.

- Bringen wir Teams bei, in Spielprinzipien statt Prozessen zu denken.
- Eröffnen wir Mitarbeiterinnen einen klaren Handlungsspielraum, in dem sie sich frei und intuitiv bewegen können.
- Spielprinzipien sind Teamprozesse 4.0.